"五水共治"科普丛书（1）

主编 周鹤鸣 邹 冰

治 污 水

ZHI WU SHUI

王培风 徐 栋 编著

治污水 防洪水 排涝水 保供水 抓节水

浙江工商大学出版社
ZHEJIANG GONGSHANG UNIVERSITY PRESS

图书在版编目(CIP)数据

治污水 / 王培风，徐栋编著. —杭州 ：浙江工商大学出版社，2014.12(2015.1 重印)
("五水共治"科普丛书 / 周鹤鸣，邹冰主编)
ISBN 978-7-5178-0739-1

Ⅰ. ①治… Ⅱ. ①王… ②徐… Ⅲ. ①水污染防治—普及读物 Ⅳ. ①X52—49

中国版本图书馆 CIP 数据核字(2014)第 265266 号

治污水
王培风　徐　栋 编著

出 版 人　鲍观明
责任编辑　何海峰　刘　韵
责任校对　何小玲
封面设计　王好驰
责任印制　包建辉
出版发行　浙江工商大学出版社
（杭州市教工路 198 号　邮政编码 310012）
（E-mail:zjgsupress@163.com）
（网址:http://www.zjgsupress.com）
电话:0571-88904980,88831806(传真)
排　　版　杭州朝曦图文设计有限公司
印　　刷　杭州恒力通印务有限公司
开　　本　850mm×1168mm　1/32
印　　张　6.375
字　　数　160 千
版 印 次　2014 年 12 月第 1 版　2015 年 1 月第 2 次印刷
书　　号　ISBN 978-7-5178-0739-1
定　　价　49.50 元(全五册)

浙江工商大学出版社营销部邮购电话　0571-88904970

“五水共治”科普丛书编委会

序

水是生产之基，生态之要，生命之源。治水历来是兴国安邦的大事，中华民族的文明史，也可以说是一部除水害、兴水利的治水史。浙江因水而名，因水而兴，因水而美，但我们浙江还是一个“缺水”的省份。“缺水”主要有海岛地区资源性缺水，也有山区工程性缺水，更主要的是污染造成的水质性缺水。近些年来出现了“江南水乡没水喝”的情况，比较深刻地揭示出粗放式增长模式消耗资源环境的种种弊端。

党的十八大报告提出，“建设生态文明，是关系人民福祉、关乎民族未来的长远大计……把生态文明建设放在突出地位，融入经济建设、政治建设、文化建设、社会建设各方面和全过程，努力建设美丽中国，实现中华民族永续发展”。2013 年，浙江省委、省政府提出以“重整山河”的雄心和“壮士断腕”的决心，打响“铁腕治水”攻坚战，以治污水、防洪水、排涝水、保供水、抓节水“五水共治”为突破口，倒逼转型升级，打好经济转型升级“组合拳”。这是省委、省政府推进浙江省新一轮改革的关键之举，是一项顺应群众呼声的民生工程。

“五水共治”符合党的群众路线教育实践活动落实整改的要求，是新形势下浙江社会主义物质文明建设的要求、精神文明建设的需求、生态文明建设的诉求、政治文明建设的追求。“五水共治”，要治污先行，也要齐抓共治，它是一项庞大的系统工程，必须用系统的思维和方法才能落实。

“治污水”必须抓好治理黑河、臭河、垃圾河，实现城镇截污纳管、农村污水处理、生活垃圾集中处理。与此同时，必须实现农业转型，坚持生态化、集约化发展方向，推进种养殖业的集聚化、规模化经营和污物排放的集中化、无害化处理，控制农业面源污染。

“防洪水”必须重点推进强库、固堤、扩排三类工程建设，强化流域统筹，疏堵并举，制服洪水之虎。

“排涝水”必须重点强库堤、疏通道、攻强排，打通断头河，开辟新河道，着力消除易淹易涝片区。

“保供水”必须重点推进开源、引调、提升三类工程建设，保障饮水之源，提升饮水质量。

“抓节水”必须重点进行改装器具、减少漏损、再生利用和雨水收集利用示范等工作，合理利用水资源。

为普及全省对“五水共治”行动的深刻认识，浙江省社会科学界联合会和浙江水利水电学院组织了水文、生态、环境、水利、法律、政策等方面的专家和学者，编写了这套“‘五水共治’科普丛书”。丛书作者通过大量实地调研和数据资料整理，运用专业知识和文化力量，深刻分析了“污水、洪水、涝水、供水、节水”现状与问题，总结了国内外治水的主要成就与经验，梳理了当前治水所面临的主要问题，阐述了治水的基本理念和途径，传播了水文化，为浙江省的“五水共治”工作贡献了智慧。这项工作很有意义，值得肯定。

本丛书内容丰富，文字生动，图文并茂，寓教于乐。它有三个主要特点：一是视野开阔。从古到今，从国内到国外，广泛联系实际，在宏大的背景下对治水经验、教训和成就进行了全面深刻的剖析和多角度的思考。二是有理有据。既有科学依据又有文化内涵,详细阐述了治水理念、措施与途径,具有较强的指导性。三是深入浅出。语言朴实,案例生动,很接地气,是关于“五水共治”的一部好作品,适合大众百姓阅读,值得学习和推荐。

是为序。

符宁平

2014 年 9 月

目　录

上善若水——水善利万物而不争

第 1 章

水，泽被万物，滋养生灵，不见其形却川流不息。

水，赋予天地万物以生命，提供生命生存以动力。

车尔尼雪夫斯基曾经写过这么一段话："水，由于它的灿烂透明，它的淡青色的光辉而令人迷恋，水把周围的一切如画地反映出来，我们看到的水是第一流的写生家。"

老子说："上善若水，水善利万物而不争，处众人之所恶，故几于道。"

1.1 生命的乳汁

茫茫大地，水为主体。

放眼四望，有汹涌澎湃的海洋，奔流翻腾的江河，雷霆万钧的飞瀑，碧波浩淼的湖泊，涓涓不息的溪流；在海拔高处的深山峡谷里，又有高悬的冰幕，倒竖的冰挂，林立的冰柱，丛生的冰林，以及终年覆盖的冰川；四季变换中，有春天的细雨，夏天的冰雹，秋天的寒霜，冬天的飞雪；天空中有飘泊的云，笼罩的雾，蒸腾的汽。千姿百态的水，充溢着世界，世界堪称是水的世界。难怪古希腊的一位哲学家曾大胆指出：世界的物质是由水生成的。

水是无处不在的。水，拥抱着世界，滋润着土地，哺育着人类，推动着历史。古埃及的生命取决于尼罗河；恒河造就了印度历史上灿烂的文化；伊朗、伊拉克等波斯湾国家，巴比伦、希腊等文明古国的发祥地，无一不在江河湖海的岸边；黄河、长江流域则是我们中华民族繁衍生息的摇篮。水是人类文明的故乡，水是生命的源泉，水是生命的乳汁，水是世界史的源头。

1.1.1　水是什么

水对于生命承载的意义重大，那就让我们来一探它的究竟。

水(化学式：H_2O)是由氢、氧两种元素组成的物质，一般无毒。在常温常压下为无色无味的透明液体，是人类生命的源泉。水包括天然水(河流、湖泊、大气水、海水、地下水等)、人工制水，是地球上最常见的物质之一，是包括无机化合物、人类在内所有生命生存的重要资源，也是生物体最重要的组成部分。水在生命演化中起到了重要作用。人类很早就开始对水产生了认识，东西方古代朴素的物质观中都把水视为一种基本的组成元素，水是中国古代五行之一，西方古代的四元素说中也有水。

纯水是罕见的，水通常多是含有酸、碱、盐等物质的溶液，习惯上仍然把这种水溶液称为水。纯水可以通过蒸馏作用取得，当然，这也是相对意义上纯水，不可能绝对没有杂质。水是一种可以在液态、气态和固态之间转化的物质。

1.1.2　“得水独厚”的星球

世界上最柔美的东西莫过于水。而地球也荣幸成为了太阳系八大行星之中唯一被液态水所覆盖的星球。地球上水的起源在学术上有很大的分歧，众说纷纭，目前有几十种不同的水形成学说。有观点认为，在地球形成初期，原始大气中的氢、氧化合成水，水蒸气逐步凝结下来并形成海洋；也有观点认为，形成地球的星云物质中原先就存在水的成分；另外的观点认为，原始地壳中硅酸盐等物质受火山影响而发生反应、析出水分；还有观点认为，被地球吸引的彗星和陨石是地球上水的主要来源，甚至现在地球上的水还在不停增加。

总之，地球表面有71%被水资源覆盖，从空中来看，地球就是颗蓝色的星球。水侵蚀岩石土壤，冲击河道，搬运泥沙，营造平原，改变地表形态。地球表层水体构成了水圈，包括海洋、河流、湖泊、沼泽、冰川、积雪、地下水和大气中的水。由于注入海洋的水带有一定的盐分，加上常年的积累和蒸发作用，海和大洋里的水都是咸水，不能被直接饮用，某些湖泊的水也是含盐水。世界上最大的水体是太平洋，北美的五大湖是最大的淡水水系，欧亚大陆上的里海是最大的咸水湖。

地球上水的体积大约有13.6亿立方千米。其中：

海洋有13.2亿立方千米（占97.1%）；

冰川和冰盖有0.25亿立方千米（占1.8%）；

地下水有0.13亿立方千米（占1.0%）；

河流、湖泊以及内陆海里的淡水有25万立方千米（占0.0018%）；

大气中的水蒸气在任何已知的时候都有1.3万立方千米（占0.0001%）。

水对气候具有调节作用。大气中的水汽能阻挡地球辐射量的60%，保护地球不致冷却。海洋和陆地水体在夏季能吸收和积累热量，使气温不致过高；在冬季则能缓慢地释放热量，使气温不致过低。海洋和地表中的水蒸发到天空中形成了云，云中的水通过降水落下来变成雨，零摄氏度以下则变成雪。落于地表上的水渗入地下形成地下水；地下水又从地层里冒出来，形成泉水，经过小溪、江河汇入大海，形成一个水循环。雨雪等降水活动对气候具有重要影响，在温带季风性气候中，季风带来了丰富的水汽，形成明显的干湿两季。

此外，在自然界中，由于不同的气候条件，水还会以冰雹、雾、露水、霜等形态出现并影响气候和人类的活动。

1.1.3 人是“水做的”

水是一切生命所必需的物质，维持生命方面可以说比食物更重要。人不吃食物可以生存几周甚至几个月，但是如果没有水，只能维持生存 5 天。

水在体内含量最多。年龄越小体内含水量越多，随着年龄的增长，体内水的含量逐渐降低。例如，在婴儿体内 80%以上的体重是水分，成年人体内 60%～70%的体重是水分，到老年时体内的水分大约只剩下 50%或更少。年轻人的皮肤光滑且富有弹性，与老年人干燥且多皱纹的皮肤明显不同，这也就是说，随着年龄的增长，人体内部水分含量比例会渐渐减少。水分布在身体各个组织和器官且含量不同，有的高达 83%，如血液；有的仅含 10%，如脂肪组织。人体组织、器官水含量百分比如表 1-1 所示。

表 1-1　人体组织、器官水含量百分比

组织、器官	水分(%)	组织、器官	水分(%)	组织、器官	水分(%)
血液	83.0	脑	74.8	肌肉	75.6
肾脏	82.7	皮肤	72.0	脂肪组织	10.0
心脏、肺	79.2	肝脏	68.3	骨骼	22.0

没有任何一种物质像水一样广泛参与人体多种功能。无论是营养素消化、吸收、运输和代谢，还是废物排出，或是生理功能及体温调节，等等，都离不开水，生命的各种新陈代谢活动就在其中进行，如果没有水，新陈代谢活动就会停止。水具有如下重要生理功能：

(1)构成人体组织，维持全身功能。

(2)为营养成分通过血液的运输、细胞内的反应提供介质；将代谢产物转移到血液进行再分配以及将体内代谢的废物通过尿液排出体外。

(3)润滑组织和关节；滋润皮肤；眼泪、唾液、关节囊液和浆膜腔液均为相应器官的润滑剂。

(4)水是体温调节系统主要组成部分，体内代谢产生的热能转至体液，通过体液传到皮肤，通过蒸发或出汗来调节体温保持不变。

(5)水是消化物质的基本溶媒。食物进入胃肠道后，必须依靠消化器官分泌消化液如胃液、胰液、肠液、胆汁等，才能进行消化和吸收，而消化液90%是水。

1.1.4 水知道生命的答案

水是生命的源泉，是生命存在与经济发展的必要条件，也是构成人体组织的重要部分。然而在地球水资源总量近3%的淡水中，有77.2%存在于雪山冰川中，22.4%为土壤和地下水(降水与地表水渗入)，只有0.4%为地表水。地表水指河流、湖泊、冰川等水体。中国大小河川总长42万公里，湖泊7.56万平方公里，占国土总面积的0.8%，水资源总量28000亿立方米，人均2100立方米，只占世界人均拥有量的1/4，居第121位，为13个最贫水国之一。中国661个城市约有2/3缺水，1/4严重缺水；有82%的人饮用浅井和江河水，其中水质污染严重、细菌超过卫生标准的占75%，受到有机物污染的饮用水人口约1.6亿。长期以来，人们一直认为自来水是安全卫生的。但是，越来越多的疾病和灾难来源于水污染，如今的自来水已不能算是卫生的了，也许真的只有水知道生命的答案。一项调查显示，在全世界的自来水中，测出的化学污染物有2221种之多，其中有些确认为致癌物或促癌物。从自来水的饮用标准看，中国尚处于较低水平，自来水仅能采用沉淀、过滤、加氯消毒等方法，将江河水或地下水简单加工成可饮用水。自来水加氯可有效杀除病菌，同时也会产生较多的卤代烃化合物，这些含氯有机物的含量成倍增加，是引起人类患各种胃肠癌的最大根源。城市污染的成分十分复杂，受污染的水域中除重金属外，还含有众多农药、化肥、洗涤剂等有害残留物，即使把自来水煮沸了，上述残留物仍驱之不去，而煮沸水中增加了有害物的浓度，降低了有益于人体健康的溶解氧的含量，而且也使亚硝酸盐与三氯甲烷等致癌物增加，因此，饮用开水的安全系数也是不高的。

1.2　工业的血液

工业是国民经济中最重要的生产部门之一，在国民经济中起着主导作用。工业化程度决定着一个国家现代化的速度、规模和水平。工业生产离不开水，水是工业的血液。

1.2.1　水是工业发展的动力

工业发展是人类生活的质量基础，而水资源则是工业发展的动力。自新中国成立以来，随着我国工业生产的发展，工业用水量占全国总用水量的比重也迅速升高。1949年，工业用水量仅为24亿立方米，占全国总用水量的2.3%；而到1980年，全国工业用水量达到457亿立方米，占总用水量的10.3%；到2012年，全国总用水量达6131.2亿立方米，其中工业用水占22.5%。从1949年到2012年，工业用水量占全国用水总量的比例增加了8.8倍。

工业用水指工业生产中直接和间接使用的水，涉及水量、水质和水温3个方面。工业用水包括：①原料用水；②产品处理用水；③锅炉用水；④冷却用水等。其中冷却用水在工业用水中一般占60%～70%。工业用水量虽较大，但实际消耗量并不多，一般耗水量为总用水量的0.5%～10%，即有90%以上的水使用后经适当处理仍可以重复利用。按人口平均来计算，包括工业用水在内，中世纪每人每天的用水量不过12～18升；到了19世纪，一些工业发达国家，就增加到每人每天用水40～60升；而到了20世纪70年代，全球每人每天平均用水量猛增到140升。可见，工业发展得越快，用水量的增加也越大。

1.2.2 现代工业离不开水

在现代工业中，没有哪个行业是不用水的。根据水源与用途，工业用水可分为多种类型。

(1)按水源划分

①地表水：地表水包括陆地表面形成的径流及地表贮存的水(如江、河、湖、水库等)。

②地下水：地下径流或埋藏于地下的，经过提取可被利用的淡水(如潜水、承压水、岩溶水、裂隙水等)。

③自来水：由城市给水管网系统供给的水。

④城市污水回用水：经过处理达到工业用水水质标准又回用到工业生产中的那部分城市污水。

⑤海水：沿海城市的一些工业用作冷却水水源或为其他目的所取的那部分海水。

⑥其他水：有些企业根据本身的特定条件使用上述各种水以外的水作为取水水源称为其他水。

(2)按用途划分

①生产用水：即直接用于工业生产的水，生产用水包括间接冷却水、工艺用水、锅炉用水等。

间接冷却水 在工业生产过程中，为保证生产设备能在正常温度下工作，用来吸收或转移生产设备的多余热量，所使用的冷却水(此冷却用水与被冷介质之间由热交换器壁或设备隔开)。

工艺用水 在工业生产中，用来制造、加工产品以及与制造、加工工艺过程有关的这部分用水。工艺用水包括产品用水、洗涤用水、直接冷却用水和其他用水。

锅炉用水 为工艺或采暖、发电需要产汽的锅炉用水及锅炉水处理用水统称为锅炉用水，包括锅炉给水、锅炉水处理用水。

②生活用水：厂区和车间内职工生活用水及其他用途的杂用水统称为生活用水。

1.3 农业的命脉

农业，是人类社会赖以生存的基本生活资料的来源，我国自古就是以农立国。水对农业起着至关重要的作用，水既是农业产生的动因，也是农业发展的命脉，漫长的农业社会史始终是围绕着水这个主题而展开的。

1.3.1 一水护田将绿绕

相比工业，水对于农业的作用更为重要。在我们的印象中，农村的环境总是被水环绕的，小溪、稻田、山谷，水无处不在。而我们常说的农业用水是指用于灌溉和农村畜禽饲养的用水，它对于农业生产有着不可小觑的影响，通常农业用水一般有五大特性：

(1)计量性：一般商品是可以计量的，如矿泉水，你可以用桶盛着，无论到何处，还是那么多，但农业用水就不一样了，成千上万立方米水的流动，只能靠沟渠。

(2)可控性：一般商品是可以用技术手段控制的，如城市自来水能成为地道的商品，是因为可以用管道、水表等一系列技术手段一家一户控制自来水的流向，一家一户互不干涉。但农业用水就不行了，只能大面积使用，并且下游必须经上游，相互之间有干涉，特别是农户的田都是一块挨着一块的，上游的田没水，下游的田就不可能有水。

(3)独立性：一般的商品，人们可以独立获取，如拿钱去买一瓶矿泉水；农业用水则不行，即使你不计成本将水引来了，那么引水所经之处都要受益，这是任何人都不愿干的，更何况沟渠等设施的建设不是个人就能完成的。

(4)气候性：农业用水还和当地气候关系极为密切。自来水就不一样了，居民用自来水在相当一段时间里的价格是稳定的，丰水也好，缺水也罢；农业用水在缺水时，水就是钱，雨水多时，水就是害——洪涝。

(5)成本不确定性：普通的商品，它的价格一般与使用量的多少关系不大；而农业用水则不同，用得越多，它的成本越低，如一块地打水的单位价格和成片地的价格相差就很大。

水是农业的命脉，没有水就没有农业，更别提农业的发展，中国能以占世界7%的耕地养活占全球22%的人口，其根本条件之一就是有较大比例的耕地，这又是以灌溉农田及建立在灌溉条件下的作物多熟制与高产栽培综合技术作支撑。联合国粮农组织在1984年出版的《发展中国家土地潜在供给能力》中估计，在无水利投入的情况下，中国的土地仅能养活4.12亿人口，但现实养活12.48亿人口的状况则充分证明了水利在农业发展中的作用功不可没，并且这种情况在西部不同地区都可得以印证，如在西藏，其农业的较高增长中，水利的贡献率达到了60%～70%；在新疆和宁夏等地，新中国成立以来所建设的许多垦区，都与水利的功劳高度相关。

1.3.2 农业生产是“耗水大户”

农业是一个用水大户。我国农业用水占全部用水的70%左右，构成“农业强耗水”。中国农产品70%来自灌溉农田。水资源的紧缺提醒我们必须要求农业对水资源进行高效利用。

绝大多数农户认为水是天上落下来的，取之不尽，用之不竭，况且一些地区雨量丰沛，不利用也会白白流入大海，不用白不用的思想比较严重。农田灌溉大都采用漫灌，且对已灌水量很少采取较好的保水措施。

由此可见，减少农业耗水量是解决水资源供需平衡问题的关键。因为，农田灌溉是在干旱时期夺取环境水资源，对环境水平衡的影响很大;农田耗水量决定灌溉系统的设计流量、工程规格和提水灌溉的能源消耗量。所以,无论从流域考虑,还是从灌区考虑,都应在保证灌区农业生产的前提下,最大限度地降低农业耗水量。认为当前农业用水供大于需的地方可以不必要求降低耗水量的想法是不正确的。

罪魁祸首——生命源泉被污染的原因

第 2 章

我国水环境面临着水体污染、水资源短缺和洪涝灾害等多方面压力。水体污染则加剧了水资源短缺，水生态环境破坏则促使洪涝灾害频发。造成水污染的罪魁祸首有自然和人为两方面因素，一般所说的水污染主要是指人为污染。它包括生活污水、工业废水和未经处理而大量排入水体的农田排水。

2.1 人类最后的“一滴眼泪”——世界性水荒

2014年7月，瑞典斯德哥尔摩国际水研究所发布的名为《水资源短缺与经济风险》的报告指出，水是生命之源，也是一切经济活动的生命线，按照当前的水消耗总量计算，如果水资源利用率不能得到改善，到2030年人类对水的需求将从当前的4.5万亿立方米增加到6.9万亿立方米，这将超过当前水资源供应量的40%。这意味着，水资源紧缺很可能把人类推向一场全球性的危机，届时经济增长将陷入停滞。

2.1.1 地球上的水资源

在地球上，哪里有水，哪里就有生命。一切生命活动都起源于水。人体内的水分，大约占体重的65%。没有水，食物中的养料不能被吸收，废物不能被排出体外，药物不能到达起作用的部位。

所以，水作为大自然赋予人类的宝贵财富，早就被人们关注。但是人们经常使用“水资源”一词，却是近一二十年的事。关于水资源的定义，有几十种之多，较普遍的说法是指“可以供人们经常取用、逐年可以恢复的水量”，也就是通常所指的淡水资源，这样，苦咸的海水就不算在内，连千年难化的冰川、不易取用的一部分地下水也排除在外了。水资源是人类调查了解得最清楚的资源，绝不会像煤、铁、石油等资源那样有新的大发现而改变数量结构和分布。水资源的价值在于给地球的生命提供需求、为人类提供服务，包括发电、航运、养殖、环境等多方面的能力。

地球有“水球”之称。如果将地球上的储水平铺在地球的表面，那么地球就会变成一颗平均水深达2700多米的“水球”。

在大海中航行，尽管波涛将你托起，浪花与你嬉戏，但你却不敢饮一点海水，即使你已渴得嗓子冒烟，嘴唇干裂。地球上97%的水正是这种目前人类还无法直接饮用的海水，陆地上的淡水湖泊和江河流水仅占总水量的0.01%，约12.6万立方千米。淡水的根本来源是雨雪，每年降落到陆地上的水量为10.5万立方千米。这10.5万立方千米的水中2/3为植物蒸腾或自地面蒸发掉，其余约3.75万立方千米的水可供人利用。地球可以利用的淡水资源按人口平均分配，是绰绰有余的，但环顾全球，不少地区仍然严重缺水，导致这种严重后果的原因是人口和水资源分布不均、人为的污染和巨大的浪费。

2.1.2 水的旅行

自然界中的水并不是静止不动的，在太阳辐射及地球引力的作用下，水的形态不断发生由液态—气态—液态的循环变化，并在海洋、大气和陆地之间不停息地运动，从而形成了水的自然循环。

水的自然循环分为大循环和小循环。从海洋蒸发出来的水蒸汽，被气流带到陆地上空，凝结为雨、雪、雹等落到地面，一部分被蒸发返回大气，其余部分成为地面径流或地下径流等，最终回归海洋。这种海洋和陆地之间水的往复运动过程，称为水的大循环。仅在局部地区(陆地或海洋)进行的水循环称为水的小循环。环境中水的循环是大、小循环交织在一起的，并在全球范围和地球上各

个地区内不停地进行着。（见图 2-1）

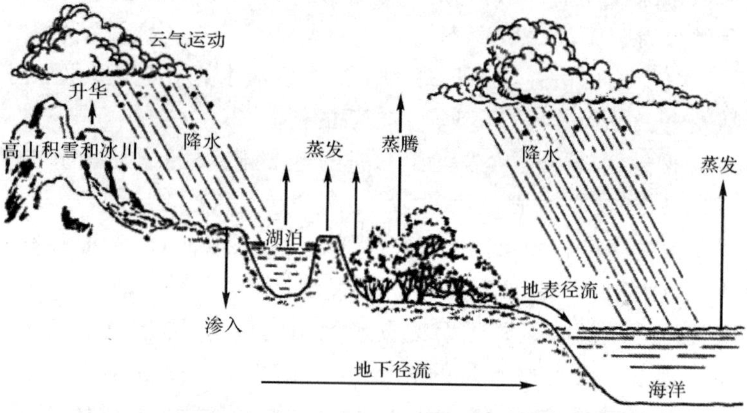

图 2-1　水的自然循环

不论何种循环,使水蒸发的基本动力都是太阳热能,使云气运动的动力都是密度差。自然界水分的循环和运动是陆地淡水资源形成、存在和永续利用的基本条件。

蒸发是水循环中最重要的环节之一。由蒸发产生的水汽进入大气并随大气活动而运动。大气中的水汽主要来自海洋,一部分还来自大陆表面的蒸发。大气层中水汽的循环是“蒸发—凝结—降水—蒸发”周而复始的过程。海洋上空的水汽可被输送到陆地上空凝结降水,称为外来水汽降水;大陆上空的水汽直接凝结降水,称为内部水汽降水。该地总降水量与外来水汽降水量的比值称为该地的水分循环系数。全球的大气水分交换的周期为 10 天。在水循环中水汽输送是最活跃的环节之一。

地下水的运动主要与分子力、热力、重力及空隙性质有关,其运动是多维的。通过土壤和植被的蒸发、蒸腾向上运动成为大气水分;通过渗入向下运动可补给地下水;通过水平方向运动又可成为河湖水的一部分。地下水储量虽然很大,但却是经过长年累月甚至上千年蓄集而成的，水量交换周期很长，循环极其缓慢。地下水和地表水的相互转换是研究水量关系的主要内容之一，也是现代水资源计算的重要问题。

通过水循环，使大气圈、水圈、岩石圈和生物圈相互联系起来，并在它们之间进行能量交换。同时因水在运动中夹带溶解物质和泥沙而使物质迁移。再者，由于水循环运动，使大气降水、地表水、地下水、土壤水之间相互转化，使水资源形成不断更新的统一系统。

2.1.3 无处不在的水

水是地球上分布最为广泛的物质之一，它以液态、固态和气态形式存在于地表、地下、空中以及生物有机体内，成为地表水、地下水、大气水以及生物水，形成了海洋、河流、湖泊、沼泽、冰川、地下水及大气水等各种水体，这些水体组成了一个统一的相互联系的地球水圈。整个地球 5.1×10^8 平方千米的表面上，约 3/4 为水所覆盖，这是地球区别于太阳系其他行星的主要特征之一，地球因此而有“水的星球”之称。

水在地球上的分布很不均匀。在地球上的总水量中，绝大部分集中于海洋，少部分分布于陆地表面和地下，极少部分悬浮于大气中和储存于生物有机体内。海洋是地球上最为庞大的水体，水分多以液态形式存在，少部分以固态形式存在于高纬度海区；陆地上的水体类型最为多样，南极大陆表面全部为冰雪所覆盖，高山雪线以上部分大多有冰川和积雪，广大的陆地表面分布着众多的河流、湖泊和沼泽；大气水体水的密度最小，以水滴和冰晶的形式浮游于近地大气层。

地球上的水不会轻易散失到地球以外的宇宙空间去，宇宙空间的水分也很少能够来到地球上，地球上水的总量可以看作是一个不变的常量。但对于任一区域或任一水体而言，任一时段的水量则可以是不同的，有增加或减少的变化。水在循环的过程中，遵循宇宙间普遍存在的物质不灭定律和质量守恒定律，既不会增加，也不会灭失，总量保持不变。由此即可得到水量平衡的概念，或称水量平衡原理。水量平衡是指任意区域在任意时段内，其收入水量与支出水量的差额，必然等于蓄水量的变化量。

水量平衡是自然界的一条基本规律。是研究各种水文要素之间数量关系的基本原理，也是水资源量估算的基本出发点，在水文和水资源研究中得到广泛应用。具体而言，研究水量平衡的意义，在于它可以定量揭示水循环与自然地理环境和人类社会的关系，反映水文要素之间的数量关系，检验水文观测结果的合理性，为建立水文模型提供理论基础，为区域水资源合理开发利用提供理论基础。

目前，在世界许多地方出现的“极端”暴雨降水和洪涝灾害，就是水量平衡方程式的多个因子发生了变化。虽然目前可用多种不同的水文统计方法进行测算，但毕竟还只是向自然逼近。自然界的多方自然调整，在许多地方还不甚清楚，有些地方还只是对自然调整现象给予解释。

2.1.4 全球告急——“用水危机”

(1)世界水资源短缺情况

早在1972年，联合国第一次环境与发展大会就指出，“石油危机之后，下一个危机便是水”。1977年，联合国大会进一步强调：“水，不久将成为一个深刻的社会危机。”据联合国开发计划署(United Nations Development Program)报告，到2050年，全球人口将增至83亿，约有40%的人口面临水短缺问题。同时，全球气候变暖使这个问题更加恶化。水资源正与粮食、能源一起制约着人类社会的发展，因此也有人把水资源称为21世纪的“石油”。

缺水是一个世界性的普遍现象。据统计，目前全世界有100

多个国家存在着不同程度的缺水，世界上有 28 个国家被列为缺水国或严重缺水国。再过 30 年，缺水国将达 40～52 个，缺水人口将增加 8 倍多，达 28 亿～33 亿。淡水严重缺少的国家和地区，甚至会影响到人们的基本生存。在邻接撒哈拉沙漠南部的干旱国家，因为缺水，农田荒废，几千万人挣扎在饥饿线上。在塞浦路斯，饮用水已经只能依靠拖轮定期从土耳其大陆运送巨型饮用水罐来救济。在目前，发展中国家至少 3/4 的农村人口和 1/5 的城市人口常年不能获得安全卫生的饮用水，17 亿人没有足够的饮用水。在法国南部、希腊、西班牙和意大利，夏季森林火灾已司空见惯；2007 年，西班牙南部居民就曾经历过几年无雨，土地没有一点嫩绿，庄稼干死，果树枯黄，600 万居民的饮用水定量分配的惨痛过程。以色列 60％国土面积被列为干旱地区，境内所有水资源均归国家所有，有数百万人缺乏干净的饮用水。不仅如此，还有的国家已经靠买水过日子。德国从瑞士买水，阿尔及利亚也从其他国家进口水。阿拉伯联合酋长国从 1984 年起，每年从日本进口雨水 2000 万立方米。精明的日本只要花 100 多吨水就可换得 1 吨石油。即使是在水资源相对丰富的美国、俄罗斯、印度和中国，也面临着淡水资源匮乏的严重问题。

面对用水危机，各国也在积极寻求对策。因水资源短缺问题非常严峻，中国、沙特阿拉伯和阿尔及利亚都签署了数十亿美元的水资源开发和再利用合同，炎热地区国家迄今为止签署了数十亿美元增加水供应量的合同。因水短缺问题在相关国家逐渐呈现，以及数十年来对水项目的投资不足，目前水资源开发和再利用企业的发展在全球呈现良好势头。2008 年，沙特阿拉伯的 Jeddah 地区因水短缺发生骚乱后，政府已开始陆续将水务进行私有化。沙特阿拉伯水资源部副部长 Loay Ahmed Musallam 称，首都利雅得的首个管理水供应合同于 2009 年签订，到 2010 年，沙特阿拉伯总人口一半的供应水将由私人公司提供。

为了让全世界的人关注水问题，1993 年 1 月 18 日，第 47 届联合国大会通过了第 193 号决议，确定自 1993 年起将每年的 3 月 22 日定为“世界水日”。1996 年，世界水理事会成立，同时决定每 3 年举行一次大型国际水资源问题的活动，这就是世界水资源论坛。

第一届世界水资源论坛于 1997 年 3 月 20—25 日在摩洛哥城市马拉喀什举行，来自 63 个国家和地区的 500 名代表参会。论坛的主题是“水，共同的财富”。会议发表了《马拉喀什宣言》，呼吁各国政府、国际组织、非政府组织和世界各国人民进一步团结奋斗，为展开永久确保全球水资源的蓝色革命奠定基础。论坛还委托世界水理事会制订有关 21 世纪水、生命和环境的规划。

第二届世界水资源论坛于 2000 年 3 月 17—22 日在荷兰海牙举行。5700 名来自世界各国的水利问题专家和非政府组织代表出席。其间，114 个国家的部长举行了部长级会议。论坛的主题是“世界水展望”。会议通过了关于 21 世纪确保水安全的《海牙宣言》和相关行动计划，并对未来 25 年的水资源管理和消除水危机措施提出展望。

第三届世界水资源论坛于 2003 年 3 月 16—23 日分别在日本城市京都、大阪和滋贺召开。1 万多名来自 180 个国家和地区的代表参加了大会。论坛包括“水和粮食、环境”“水和气候变化”“水和社会”“水和发展”等 38 个主题。论坛取得了一系列成果，其中最引人注目的是通过了《部长宣言》，以及公布各国和国际机构提交的《水行动计划集》。

第四届世界水资源论坛于 2006 年 3 月 16—22 日在墨西哥首都墨西哥城召开。121 个国家的政府代表和来自世界各地的 13000 多名各界人士与会。这届水资源论坛主题是“采取地方行动，应对全球挑战”。会议通过的《部长声明》强调，水是持续发展和根治贫困的命脉，必须改变当前使用水资源的模式，以保证所有人都能用上洁净水。

第五届世界水资源论坛于2009年3月16—22日在土耳其最大城市伊斯坦布尔召开。来自150多个国家和地区的2.5万多人参加了该届世界水资源论坛。会议通过的《部长声明》强调,必须加强水资源的管理和国际合作,以保证数十亿人的饮水安全。论坛期间的热点问题主要集中在全球气候变化的影响及其对策、水资源短缺与提高用水效率、特大自然灾害及其风险管理、灌溉农业发展与保障粮食安全、饮水安全与卫生、储水等水利基础设施建设、加强水资源综合管理以及水利建设投融资机制等。

第六届世界水资源论坛于2012年3月12—18日在法国海滨城市马赛开幕,来自世界170多个国家和地区的代表出席该次论坛。这届世界水资源论坛的主题是"治水兴水,时不我待",旨在总结往届水资源论坛和其他国际会议成果,并在水资源的关键领域制订和实施切实有效的解决方案。这一主题充分体现了国际社会对水资源问题的高度重视和对立即采取行动措施的热切期盼。

(2)我国的水短缺状况

缺水是个全球性问题,中国也不例外:庞大的13.6亿人口使中国成为全世界人均水资源占有量最少的几个国家之一,人均水资源占有量为2100立方米,只相当于世界平均水准的31%,是美国的20%、俄罗斯的15%。据统计,如果世界人均水资源是一满杯水的话,则中国的人均水资源仅仅是一个杯底。

我国660多个城市中有400多个存在不同程度的缺水问题,其中有136个缺水情况严重。宁夏、山西、河北、河南、山东、江苏、辽宁等省、区,人均年占有水量都低于1300立方米,其中山东省仅为437立方米,为全国人均占有量的1/6,是严重缺水的省份。而北京市人均占有淡水量则与世界著名的缺水国家以色列相当。水资源的短缺还表现在时间分布不均匀上。北方一些主要的粮食产区,降水量多集中于6—9月,这更加剧了水源短缺的情况。

在我国,一些大江大河水量告急。黄河被誉为中国人的母亲河，途经 8 个省份。就是这样一条河流，在 1972 年首次经历枯竭，而后的 10 年中出现间歇性断流。黄河的枯竭给周边的省份带来了日益严重的对水的竞争，粮食减产、居民生活受到干扰和威胁。位于黄河和长江之间的淮河 1997 年被抽干。随着地下水位的下降和湖泊干涸，中国有数百个湖泊消失。

不仅如此，过去经济增长方式的过度粗放导致“水质型缺水”，使得我国的用水危机进一步加剧。“南方有水皆污，北方有河皆干”，这话虽然有些夸大，却基本真实地反映了我国水环境的现状。

除了水污染、水资源紧张之外，还有一种潜在的危机在延伸。目前，北方河流干涸，流域生态环境已经出现恶化，而南方的沿海鱼米之乡因为污染，生物开始丧失栖息之地。各种大型水利工程的兴建，出现了河流断流，更加剧了流域生态环境恶化的可能性。

2.2 生命源泉“绚丽多彩”

2.2.1 追溯——“小桥流水”的变迁

人类的文明历来与水是分不开的。“四大文明古国”都发源于大河旁，我国的文明发源地则主要在黄河、长江等大河流域。由于水与人们的生活是密不可分的，因此，在中国有“小桥、流水、人家”的说法，也就是说，在有河流的地方，就会出现人的生存与繁衍，这句话也为我们勾勒出一幅人与大自然和谐发展的美丽画面。但由于人口的剧增、社会生产的大发展和全球都市化，人类可利用的水资源受到了严重的污染。对于人类来说，流水不仅意味着美景，而且是生命之源，同时也是人类排放污水的天然渠道。因此，河流从源头流向大海，起初是没有污染、清澈见底的，但当它从山谷流向村庄，又从村庄流向城市，经过城市再流入大海时，由于沿途汇入了很多污染成分，改变了河流原先的水质，由于污染物的不同，有的河水变得污浊发臭；有的变成了黄色，并散发着异味；有的漂满各种废弃物，清澈的流水就这样改变了模样，住在河边的人家再也欣赏不了美景，反而要忍受恶劣的环境。由此，“小桥流水”这幅美丽画卷不复存在，映入我们眼帘的是由于污染而变得“多彩”的河流。

水源分为地表水源和地下水源。地表水源主要指江、河、湖泊等，而地下水源则指较浅层次的地下水。目前，这两种水源都遭到了不同程度的污染。其中，最为明显的是地表水，所以，如今“小桥流水”这样与自然和谐发展的情境已不多见了，流经城市的河流，作为水源的湖泊绝大多数都受到了污染，人们身边的水流总是浑浊、发臭的。地下水源同样未能逃脱厄运，国际水文地质学家协会主席奈特于1996年8月在北京召开的第30届国际地质大会上指出，“世界地下水源有一半正在受到污染”。地下水源的污染是被污染物的有害成分下渗到地下水体造成的。

人类大规模的生产活动，如矿山的建设和开采、工业生产中排出的废水和废渣、农业喷洒的农药和田间施肥、城镇生活污水等都可以使天然纯净的江河湖海受到污染。

而所有污染中，工业生产过程排放的工业废水的污染尤为严重。钢铁厂、焦化厂、炼油厂排出的生产废水中含有酚类化合物和氰化物，化工厂、化纤厂、化肥厂、农药厂、造纸厂等排出的工业废水中含有酚、氰、砷、汞、铬等等，医院排出的废水中含有病原体。

人们在洗澡、洗衣服、洗菜、洗碗时要用洗涤剂，含有洗涤剂的水流入下水道，而后进入河流，这些生活污水虽然无毒，但水中无机盐类、有机物类、病原生物等增多，也会造成水质污染。

2.2.2 生活污水去哪儿了

2005年，住房和城乡建设部《村庄人居环境现状与问题》调查报告显示，通过对全国具有代表性的9省43县74个村庄进行入村入户调查，96%的村庄没有排水渠道和污水处理系统。另据统计，全国农村每年有超过 2500 万立方米的生活污水直接排入河流、水塘，造成河流、水塘等水环境污染，影响村民居住环境，威胁村民身体健康和生态安全，是农村重大的安全隐患。牲畜乱跑、粪便遍地、污水横流的现象到处可见，尤其是雨天，雨水、污水与牲畜粪便、垃圾混合，无处下脚。

大量生产、生活污水和各类废弃物未经处理排入各种水体，加之公共卫生设施跟不上发展的需要，农村饮用水源大多受到大肠菌群等的污染，大量居民饮用不上安全卫生水。

在广大农村，村民环保意识普遍不高，缺乏基本的环保常识，更别说可持续发展理念了。受传统生活习惯的影响和排污管道、污水处理、垃圾收集、垃圾处理等基础设施建设严重滞后的制约，农村污水横流，且污水长期渗入地下，造成地下水水质恶化。乱倒垃圾、乱丢废弃物的现象较为普遍，严重污染了水环境，生态环境也受到严重破坏。另外，大量未经处理的污水直接用于农田灌溉，已造成土壤、作物及地下水的严重污染。

2007 年 1—7 月，由浙江省住房和城乡建设厅、财政厅牵头组织，并委托浙江建设职业技术学院对浙江省农村生活污水处理现状进行了调查。调查结果显示，全省现有的 115256 个自然村中，有 18509 个自然村开展了生活污水处理工作。自然村污水处理率仅为 16.06%。这些污水处理设施主要集中在部分小康示范村和整治村中，即使是小康示范村，其污水处理设施的建设和处理的效果也不能令人满意。

2.2.3 “绚丽多彩”的河流

浙江省以水为名，“浙江”二字皆带水旁，水对浙江人有着特别的意义。河水本是无色透明的，绚丽多彩不应是它们的颜色。而近几年，省内河流仿佛成了打翻的调色盘，赤橙黄绿青蓝紫，组合而成的不仅仅是彩虹，也可能是污染的河水。

(1)蓝色多“恼”河:2013年2月11日,温州某工厂乳胶水泄漏,半吨多乳胶水流到周边河道,一河道受严重污染,成为蓝色多“恼”河。

(2)“黑水”毒庄稼:2012年12月4日,国际环保组织绿色和平组织报告指出,有两个污水处理厂每天向钱塘江排放数十万吨毒水,当地村民称污水颜色时有变化,大多时候为黑色,污水排进农田,稻谷全都死了。

(3)百亿“红虫”暴发成谜:2012年4月12日,台州某河流漂起一片片赤红色,经仔细观察,是一批“红虫”聚集产生的视觉效果。这些小虫子身体呈淡红色,看上去像一颗颗虫卵。据当地人称:“河流的水质一直不是很好,原先有的小鱼小虾等基本灭绝,现在河水又突然局部染成了红色。”

(4)长期存在的“橙汁河”:在浙江海盐,有两条河因受污染被称为“橙汁河”,河面常常有死鱼漂过。当地居民称这种现象至少已经存在两年。除了颜色发黄,这水还很黏稠,当地人给这条河取了很多名字:橙汁河、酷儿河等等。

(5)反复出现的“牛奶河”:2012年10月,绍兴一组“牛奶河”的照片一度成为了多家主要新闻网站的焦点图。绍兴是历史上有名的采石地,因石材精良,石料产业一度发达。此次引起河道污染的罪魁祸首正是石料加工场违规排污。

2.2.4 化肥、农药齐报到

农业面源污染是指在农业生产活动中,氮和磷等营养物质、农药以及其他有机或无机污染物质,通过农田地表径流和渗漏形成的水环境污染。主要污染物有硝酸盐、NH_4^+-N、有机磷、六六六、COD(化学耗氧量)、DDT、病原微生物、寄生虫、重金属和塑料制剂等。目前农业面源污染已经成为了中国水体氮、磷富营养化的主要原因之一。

因化肥过量和不合理施用导致对大气、土壤、水体的污染，已成为农业面源污染的主要来源之一。中国是世界上化肥用量最大的国家，但化肥利用率低，氮肥的利用率仅为30%～40%，磷肥为10%～20%，钾肥为35%～50%。大量的化肥养分通过各种途径，如径流、淋溶、反硝化、吸附和土壤侵蚀等进入环境，引起环境污染。氮肥以氨或氧化亚氮物的挥发形式进入大气，导致大气污染和气候变暖。化肥中的氮磷通过径流进入地表水中，引起水体中氮、磷含量增加，造成水体富营养化，使水中藻类迅速生长繁殖，消耗大量的溶解氧，导致水体丧失应有功能；硝态氮通过淋溶渗漏进入地下水，导致地下水硝酸盐含量增加，影响饮水安全。施肥过量和偏施氮肥也会改变原有土壤结构和特性，造成土壤板结、酸化和有机质减少，导致农产品（特别是蔬菜和水果）中硝酸盐含量超标，影响人体健康。同时，长期施用磷肥，重金属不断积存在土壤环境中，导致土壤污染，若被农作物吸收，则会损害人体健康。

大量使用农药，虽然控制了作物病虫害发生，但也造成了农产品品质下降、农药残留和环境污染等严重问题。农药污染也成为中国主要的农业污染源之一。中国的农药有效利用率低。据调查，喷施的农药只有10%～20%附着在农作物上，而80%～90%则流失在土壤、水体和空气中，导致大气、水体（地表水和地下水）、土壤农药污染和生物体内农药残留。农药污染的主要危害是导致生物多样性降低、病虫害抗性增强、农产品质量安全下降，并直接威胁人体身体健康。与化肥污染比较，农药污染的范围更广、持续时间更长、对人体健康的损害更大。农药污染途径主要包括：直接对水体施药（水产养殖业）、农田作物用药随雨水或灌溉水向周边水体迁移、大气中飘移的农药随降水进入水体、农药使用时的雾滴或粉尘微粒随风飘移沉降在水中、通过淋溶作用污染地下水等。

2.2.5 畜禽养殖“养肥”了水

改革开放以来，在人口增长、市场需求、科技支撑和政策扶持等因素的共同作用下，我国的养殖业持续高速发展，养殖业占农业总产值比重从1978年的16.6%上升到2010年的39.3%。随着我国城镇化建设步伐的加快和城镇居民的增加，居民对肉、蛋、奶和水产品的需求将进一步增加，养殖业仍将在较长时期内扩大养殖数量。养殖业迅速增长的同时伴随着养殖废弃物产生量大幅度增加，给环境带来了沉重的压力。2010年，由环境保护部、国家统计局和农业部联合发布的《全国第一次污染源普查公报》显示，畜禽养殖业的污染排放已经成为我国最重要的污染源之一。

目前，我国畜禽养殖场粪污处理设施相对不足，大量的养殖污水没有能够实现达标排放，养殖污水中含有大量的氮、磷、兽药和微生物，被排入河流、湖泊等水体后，对地表水、地下水造成污染，是许多河流水质下降、湖泊富营养化的“罪魁祸首”之一。

此外，畜禽粪便和污水中有大量的病毒、致病菌及寄生虫卵等，如果处理不当，这些病原体容易进入环境中，有可能造成人畜之间的传播，对人类的健康构成威胁。

2007年，浙江省畜禽粪尿产生总量约为2700万吨，排放量达750万吨，其中NH_3-N、TP、TN排放量分别为1.9万吨、2.2万吨和3.7万吨。畜禽养殖污水排放量达8700万吨，COD排放量为20万吨，相当于浙江省工业污水排放量的64%和COD排放量的59%。由于畜禽养殖点多且较为分散，导致畜禽养殖废弃物处理率低，粪便和污水工程处理率仅为5.0%和2.8%。近年来，浙江省在畜禽养殖废弃物资源化利用方面大力推广沼气工程，实现生物质能转化并有效地控制和治理了养殖污染，但仍有部分养殖场将污水随意排放，严重污染了水体和周边环境，制约了畜牧业的持续健康发展，造成农村环境质量的恶化。

自食其果——我排放的污水我来喝

第3章

日趋加剧的水污染，已对人类的生存安全构成重大威胁，成为人类健康、经济和社会可持续发展的重大障碍。据世界权威机构调查，在发展中国家，各类疾病有80%是因为饮用了不卫生的水而导致的，每年因饮用不卫生的水至少造成全球2000万人死亡，因此，水污染被称作“世界头号杀手”。

3.1 致命的水污染

水体污染影响工业生产、增强设备腐蚀、影响产品质量，甚至使生产不能进行下去。同时水的污染，又影响人民生活、破坏生态，直接危害人的健康，损害很大。

3.1.1 生命健康的沉重代价

中国向来推崇“水者，天地之包幕，五行之始焉，万物之所由生，元气之津液也”。明代著名中医学家卢和在其著作《食物本草》中写道：“水入于经，其血乃成；谷入于胃，脉道乃行，水之于人不亦重乎？”

世界著名的医学博士、日本的杜疗先生说：“长寿与健康的秘密尽藏在水中。”一个人的老化过程，也正是我们一生中30%的水分不断丧失的过程。喝什么样的水，水质的好坏，直接关系到人的健康程度及寿命的长短。

然而水污染对人类健康造成很大危害。据有关报道，发展中国家中估计有半数人，不是由于饮用被污染的水或食物直接受感染，就是由于带菌生物，如水中孳生的蚊子间接感染，而罹患与水和食品关联的疾病。这些疾病中最普遍且对人类健康状况造成影响最大的疾病是腹泻病、疟疾、血吸虫病、登革热、肠内寄生虫感染和河盲病（盘尾丝虫病）。发展中国家约有10亿人喝不清洁水，每年约有2500万人死于饮用不洁水，其中大部分是儿童。据亚洲开发银行调查，亚洲人口的寿命缩短的年数约有42％是由于水源污染和卫生条件差引起的。联合国教科文组织发布的数据显示，大约80％的疾病是由质量低劣的饮用水造成的。全球每6人中就有1人在生活中无法固定获得干净的水源。全世界平均每天有5000名儿童死于饮用不洁水，约1.7亿人饮用被有机物污染的水，3亿城市居民面临水污染的困扰。

目前最引起人们注意的是水中铅、汞、镉、铬等重金属元素超标，即使浓度很小，也可能造成危害。重金属的污染有时会造成很大的危害。例如，日本发生的水俣病（汞污染）和骨痛病（镉污染）等公害病，都是由重金属污染引起的，所以，应严格防止水体中重金属污染。

难降解污染物进入水体后，能长时间残留在水体中，且大多具有较强的毒性和致癌、致畸、致突变作用，并通过食物链不断积累、富集，最终进入动物或人体内产生毒性或其他危害。

总之，水污染会危害人类健康：引起急性和慢性中毒，甚至会产生“三致”作用（致畸、致突变、致癌），会带来以水为媒介的传染病，也会产生其他间接影响。

3.1.2　工农业生产负重累累

(1)降低农作物的产量和质量

水环境质量对农业生产具有直接的影响。需氧有机污染物能降低水中溶解氧的含量。溶解氧不仅是水生生物得以生存的条件，而且氧参加水中的各种氧化还原反应，促进污染物转化降解，这是天然水体具有自净能力的重要原因。过多的植物营养物质进入水体，造成富营养化的水臭味大、颜色深、细菌多、水质差，不能直接利用。由于污水提供的水量和肥分，很多地区的农民，有采用污水灌溉农田的习惯。但惨痛的教训表明，含有毒有害物质的污水污染了农田土壤，造成作物枯萎死亡，使农民受到极大的损失。尽管不少地区也有获得作物丰收的现象，但是在作物丰收的背后，掩盖的是作物受到污染的危机。含有毒有害物质的污水直接灌溉农田，使土壤肥力下降，以致农作物品质降低、减产，甚至绝收。废水中的有害物质，不但恶化土质，还会使农作物及森林、草原植被受损或死亡。如锌的质量浓度达到 0.1～1.0mg/L 即会对作物产生危害，5mg/L 使作物致毒。研究表明，在一些污水灌溉区生长的蔬菜或粮食作物中，可以检出少量有机物，包括有毒有害的农药等，它们必将危及消费者的健康。

(2)影响渔业生产的产量和质量

渔业生产的产量和质量与水质直接紧密相关。淡水渔场由于水污染而造成鱼类大面积死亡的事故，已经不是个别事例，还有很多天然水体中的鱼类和其他水生物正濒临灭绝或已经灭绝。淡水渔场和海水养殖业也因水污染而使鱼的产量减少、品质降低。水污染除了造成鱼类死亡影响产量外，还会使鱼类和水生物发生变异。此外，在鱼类和水生物体内还发现了有害物质的积累，使它们的食用价值大大降低。

(3)制约工业的发展

水环境质量对工业生产具有直接的影响。水质污染后，工业用水必须投入更多的处理费用，造成资源、能源的浪费；食品工业用水要求更为严格，水质不合格，会使生产停顿，降低企业产品质量，影响企业效益。

由于很多工业（如食品、纺织、造纸、电镀等）需要利用水作为原料或洗涤产品直接参加产品的加工过程，水质的恶化将直接影响产品的质量。有些工业部门，如电子工业、食品工业对水质要求高，水中有杂质，会使产品质量受到影响。某些化学反应也会因水中有杂质而发生，使产品质量受到影响。废水中的某些有害物质还会腐蚀工厂的设备和设施。工业冷却水的用量最大，水质恶化也会造成冷却水循环系统的堵塞、腐蚀和结垢，水硬度的增高还会影响锅炉的寿命和使用安全。

3.1.3 经济社会发展的瓶颈

水是关系到人类生存和社会发展的基本物质条件，是一种无限的、无可替代的宝贵资源，也是实现经济社会可持续发展的重要保证。水环境的污染日益加重，使得本来就十分短缺的世界淡水资源更加紧张，加上水资源的不合理利用与用水的浪费，已对人类的生存安全构成重大威胁，成为社会可持续发展的重大障碍。

随着工业化、城市化的加快，世界面临着水资源短缺、污染严重的挑战，中国尤其严重，是世界13个最缺水的国家之一，全国600多个城市中目前有大约一半的城市缺水，水污染的恶化更使水短缺雪上加霜：我国江河湖泊普遍遭受污染，全国75%的湖泊出现了不同程度的富营养化；90%的城市水域污染严重，南方城市总缺水量的60%～70%是由于水污染造成的；对我国118个大中城市的地下水调查显示，有115个城市地下水受到污染，其中重度污染约占40%。水污染降低了水体的使用功能，加剧了水资源短缺的问题，给我国可持续发展战略的实施带来了负面影响。

一些无良企业一二十年来持续向地下排放工业废水，某些工业废水含有多种重金属，有些重金属是强烈的致癌物，属于能致人于死地的剧毒金属。无良企业除了打井向地下排污以外，还将工业废水直接排入地下溶洞。曾有一家企业向溶洞排污，导致广西龙江河严重镉污染事件。地上的水污染能见到和闻到，但地下的水污染很难被发现。近年来，虽然污水及污染物排放量的增长速度远低于工业产值的增长速度，但水环境中的污染物浓度在一些区域却增长很快，有的甚至远高于工业产值的增长速度。

近20年来，浙江省的生活污水排放总量和工业生活污水排放总量都呈缓慢增长趋势，同时在废污水排放的控制、处理、生产技术的改进及污染的治理等方面成效也是明显的。但城镇建设和城市化发展过程中的人口和物资的聚集、工业经济的高速发展，使得城市和城镇分别成为不同程度的水污染中心。超采地下水引起地面沉降问题严重。由于地表水和浅层地下水的污染，全省不少平原地区过度超采和不合理使用地下水，已造成区域性地下水位下降、地下水资源枯竭和地面沉降等一系列不可逆转的环境问题。加上河道淤积严重，导致河网水体的流动性和自净能力减弱，加剧了水体的污染趋势，地面沉降还引起部分水利工程效益降低，使得洪涝灾害加剧。上述水环境的急剧恶化，给浙江省经济社会的可持续发展敲响了警钟。

今日的经济与科技飞速发展，社会和政府也越来越重视环境的保护与发展。在这样的环境下，我国应该注重全面发展，在水资源的保护和水污染防治上要不断完善法律、法规，这样才会对危害水资源的行为起到震慑作用。经济与技术的投入必不可少。保护环境是全社会的责任，而水污染是环境问题的主要内容之一，所以要加强环境保护的宣传与普及，让每个人都行动起来，保护水资源，防治水污染，从根本上解决水污染的问题。

3.2 水环境污染事件

3.2.1 世界上的重大水污染事件

地球上的水已被严重污染，并且在继续恶化。除被列入八大公害事件的日本水俣病、骨痛病事件以及近年发生的海湾油污事件外，重大水污染事件还有很多。

(1)日本阿贺野川流域汞污染事件。1964—1965年间，由于昭和电工公司将生产乙醛过程中产生的含汞废水肆意排放，污染了新潟县阿贺野川流域的水体，使居住在附近的居民因饮用了被污染的河水而患病，患者达332人，其中14人死亡。

(2)美国河也市饮用水中毒事件。1965年夏天，美国加利福尼亚州的河也市居民由于饮用了被污染的河水，导致1.8万人病倒，5人死亡。

(3)美国腊芙运河污染事件。1978年，美国纽约州尼亚加拉边区的腊芙运河发生污染，迫使1300多居民搬离家园。据调查，原来是胡克尔电力化学公司从1942年到1953年往河中倾倒2万多吨化学废物造成的。这些化学废物污染了河道，使居民无法在此生活。受害居民搬迁，要求赔偿金额达数十亿美元。

(4)美国海鸟死亡事件。1969年1月，在圣巴巴拉湾内一口油井发生持续12天的井喷，油膜沿海岸伸展达37公里，严重污染了海岸水体，造成几千只海鸟死亡，使这一水域海洋生态环境遭受严重破坏，并造成巨大的经济损失。美国政府为清除海岸油污染，花费了500万美元。

(5)美国凯霍加河失火事件。1969年，美国克利夫兰市附近的凯霍加河遭到石油严重污染而发生大火，火焰喷起来有5层楼高，河上的两座铁路桥因此被毁。

(6)苏联伏尔加河燃烧事件。1970年，苏联著名的伏尔加河沿岸工厂往河中大量排泄石油废液，严重污染了河水，使河面上积了一层厚厚的油污。结果，河面油污遇火燃烧。

(7)苏联贝加尔湖臭水事件。贝加尔湖是世界著名的淡水湖之一，贮水量占全世界淡水的1/40。湖中生存着1200多种生物，其中708种为贝加尔湖独有。自20世纪60年代起，由于在湖畔及其支流两岸大量兴建工厂，因而排放的废水和污水使湖水发黄变臭。人们失去了洁净的饮用水，水中生物则大祸临头，仅贵重的凹目白鲑鱼，每年就减产 2000 多吨。

(8)英国海鸭死亡事件。1907 年，英国一艘油轮首航后在夕里岛附近触礁，漏油 909 万公升，造成大量海鸭因水污染而中毒死亡。

(9)英国泰晤士河污染事件。泰晤士河曾是英国人的骄傲。它流经首都伦敦，全长 346 公里。河水清澈，两岸景色秀丽。但自从 18 世纪以来，严重的水污染使泰晤士河变脏变黑，水生生物基本绝迹，泰晤士河成了无生命的“死河”。1832 年至 1886 年，由于河水太脏，因而伦敦四次流行霍乱，仅 1849 年的一次就死亡 14000 人。直到 20 世纪 60 年代，英国政府痛定思痛，抓紧治理泰晤士河，先后花去 25 年时间，投资 5 亿英镑，才使泰晤士河清澈如镜，鱼群游弋。

(10)德国博登湖变色事件。博登湖位于德国南部，是斯图加特市及其周围 250 万居民饮用水的源泉。由于工厂大量的污水排入湖中，因而使该湖深达 3 米的湖水在 1969 年夏天全部呈红褐色，鱼类大量死亡，居民饮水发生困难。

3.2.2 我国水环境污染典型事件

近年来，我国水污染事件频频发生。据监察部统计，近几年水污染事故每年都在 1700 起以上。全国城镇中，饮用水源地水质不安全涉及的人口达 1.4 亿。究其原因，是在 GDP 发展思维异化下，政府讲政绩，企业求效益，无节制地排放废弃物；为降低成本，很少改善设备。更有甚者，有些地方的环境保护变成了“污染保护”。难道环境恶化的代价要转嫁给民众吗？谁该为欠下的环境债买单？

(1)淮河水污染事件。1994 年 7 月，淮河上游因突降暴雨而采取开闸泄洪的方式，将积蓄于上游一个冬春的 2 亿立方米水放下来。水经过之处河水泛浊，河面上泡沫密布，顿时鱼虾丧命。下游一些地方的居民饮用了虽经自来水厂处理但未能达到饮用标准的河水后，出现恶心、腹泻、呕吐等症状。经取样检验证实，上游来水水质恶化，使沿河各自来水厂被迫停止供水达54天之久，导致百万淮河民众饮水告急。

(2)沱江"3·2"特大水污染事故。四川省的名字来源于它境内的四条河流。它们丰沛的水量，造就了四川这个天府之国。可是2004年2月到3月，这四条河流之一的沱江，却给天府之国带来了一场前所未有的生态灾难。当时，因为大量高浓度工业废水流进沱江，四川五个市区近百万老百姓顿时陷入了无水可用的困境，直接经济损失高达2.19亿元。这起事件，被国家环保总局列为近年来全国范围内最大的一起水污染事故。

造成此次特大水污染事故的原因，是川化股份公司在对其日产1000吨合成氨及氨加工装置进行增产技术改造时，在未报经省环保局试生产批复的情况下，擅自于2004年2月11日至3月3日对该技改工程投料试生产。在试生产过程中，发生故障致使含大量氨氮的工艺冷凝液(氨氮含量在每升1000毫克以上)外排出厂流入沱江，且持续时间长，造成沱江干流特大水污染事故的发生。

(3)松花江重大水污染事件。2005年11月13日，中石油吉林石化公司双苯厂苯胺车间发生爆炸事故。约100吨苯、苯胺和硝基苯等有机污染物流入松花江。由于苯类污染物是对人体健康有危害的有机物，因而导致松花江发生重大水污染事件。哈尔滨市政府随即决定，于11月23日零时起关闭松花江哈尔滨段取水口，停止向市区供水，严重影响市民生活。

(4)白洋淀死鱼事件。2006年2月和3月，素有"华北明珠"美誉的华北地区最大淡水湖泊白洋淀，相继发生大面积死鱼事件。调查结果显示，水体污染较重、水中溶解氧过低、造成鱼类窒息是此次死鱼事件的主要原因。这次事件造成任丘市所属9.6万亩水域全部被污染，水色发黑，有臭味，网箱中养殖鱼类全部死亡，淀中漂浮着大量死亡的野生鱼类，部分水草发黑枯死。

(5)湖南岳阳砷污染事件。2006 年 9 月 8 日，湖南省岳阳县城饮用水源地新墙河发生水污染事件，砷超标 10 倍左右，8 万居民的饮用水安全受到威胁和影响。最终经核查发现，污染发生的原因为河流上游 3 家化工厂的工业污水超标排放，致使大量高浓度含砷废水流入新墙河。

(6)太湖水污染事件。2007 年 5 月 29 日开始，江苏省无锡市城区的大批市民家中自来水水质突然发生变化，并伴有难闻的气味，无法正常饮用。无锡市民饮用水水源来自太湖，造成这次水质突然变化的原因是：入夏以来，无锡市区域内的太湖水位出现 50 年以来最低值，再加上天气连续高温少雨，太湖水富营养化较重，从而引发了太湖蓝藻的提前暴发，影响了自来水水源水质。

(7)浙江新安江水污染事件。2011 年 6 月 4 日，杭州市辖区建德境内杭新景高速公路发生苯酚槽罐车泄漏事故，导致部分苯酚泄漏并随雨水流入新安江，造成部分水体受到污染。事故发生后，杭州、建德两级政府立即启动应急预案，环保、消防、交警、林水等部门第一时间赶赴现场进行处置。杭州市委、市政府紧急动员、多管齐下，及时果断采取有力措施，全力保障杭州市居民用水不受影响。

(8)康菲渤海溢油事件。2011 年 6 月，中海油在渤海湾的蓬莱 19-3 油田发生漏油事故，该油田由中海油和美国康菲石油公司的全资子公司康菲中国石油合作开发，作业方为康菲中国。根据公开资料显示，蓬莱 19-3 是国内建成的最大海上油气田。截至 2011 年 12 月 29 日，这起事故已造成渤海 6200 平方公里海水受污染，大约相当于渤海面积的 7%，其中大部分海域水质由原一类沦为四类，所波及地区的生态环境遭严重破坏，河北、辽宁两地大批渔民和养殖户损失惨重。

(9)广西镉污染事件。2012年1月15日,广西河池市辖区内的宜州市的龙江河拉浪水电站内,群众的养殖网箱突然出现不少死鱼。宜州市环保部门经过调查发现,死鱼是由于龙江河宜州拉浪段镉浓度严重超标引起的,龙江水体已遭受严重镉污染,龙江沿岸及下游居民饮水安全遭到严重威胁。污染源来自广西金河矿业股份有限公司,广西镉污染事件8人被刑拘,4人被通缉。

(10)兰州自来水苯污染事件。2014年4月11日,兰州市突发自来水苯超标事件,政府通报未来24小时居民不宜饮用自来水。经调查,系中国石油天然气公司兰州分公司一条管道发生原油泄漏,污染了供水企业的自流沟所致。

第4章

神秘玄机——拯救生命之源的方法

人类社会对自然环境不可缺少的需求之一就是水资源,其中包括水量和水质两个方面。随着工业的迅猛发展和人类物质生活水平的提高,常常由于水量不足和水体污染使得水质问题更加突出,现代生活与生产对水质的要求也日益提高,因而各种水处理技术成为近代重要的前沿科技领域。与此同时,污水的处理与回用,将污水视为第二水源,也具有十分重要的意义。

4.1 教你鉴别水污染的办法

污水所具有的性质和危害主要取决于废水中所含污染物的种类、数量和性质,而构成的污染物种类繁多。为方便环境管理和水质控制,将污染物划分为若干大的类别,并相应采取不同的指标定性或定量地反映污染物的数量和性质。这些能够以现实可行的方法进行定量测定,同时又能够表征所测水样的水质特性的指标称为水质指标。水质指标既适用于表征污水性质,也适用于表征天然水体的水质。在用于表征污水性质时,习惯上又称之为水污染指标。

4.1.1 物理指标

(1)温度

水温是重要的水质物理参数,水中可溶性气体和盐类的溶解度、水体的 pH 值、微生物活动以及水体的自净能力等,都受到温度的影响,因此,水温与水的物理化学性质有着密切的联系。

水的温度因水源的不同而有很大差异。一般地下水温度比较稳定，通常为8～12℃；地面水温度随季节和气候变化较大，变化范围为0～30℃；工业废水温度因工业类型、生产工艺不同差别较大。

由于气候条件的自然变化，水温的指标也应该是改变的，修改后的标准规定："人为造成的环境水温变化，应限制在夏季周平均最大温升≤1℃，冬季周平均最大温降≤2℃。"

受温度影响最大的是水生生物，主要是鱼类的生存和繁殖。鱼类生长需要有适宜的温度范围，夏季的温升、冬季的温降都会对鱼类产生不良的影响，甚至导致死亡。另外，若温度升高10℃，水体中的氰化物对鱼类可以产生双倍的毒性，同时，水中的鱼类耗氧量几乎也要增加2倍。

基于夏季温升、冬季温降对鱼类生活条件的影响，1976年，美国国家科学院(NAS)和美国环保局(EPA)提出的水质标准中，关于水温的规定如下：

夏季周平均最高水温≤主要生物生长最佳温度＋1/3(主要生物致死上限温度－生长最佳温度)；

冬季周平均最高水温≤－2℃(主要生物相对应的适应温度)。

水温是现场观测项目，根据水层深浅，可分为表层水温观测和深层水温观测(分层测温)两种测量方法。水温观测所用仪器有：①分度值为0.2℃，温度范围为0～100℃的普通水银温度计；②可将温度计提出水面读数的专用水银温度计；③热敏电阻温度计；④可同时测量水温和气温的颠倒温度计。

(2)色度

水质标准中对颜色的规定主要基于感官上不能引起不快。水体色度主要会降低水体的透光度，从而影响水生生物的生长。

色度是一项感官性指标。纯净的天然水清澈透明无色，但带有金属化合物或有机化合物等有色污染物的污水会呈现出各种颜色。带有颜色的废水主要来源于纺织、印染、染料等行业。颜色不仅使人产生厌恶感，也会对自然水体的自净能力产生很大的影响。将有色污水用蒸馏水稀释后与参比水样对比，一直稀释到两种水样色差一样，此时污水的稀释倍数即为其色度。

水的颜色可分为真色和表色两种。真色是指去除悬浮物后水的颜色，表色是指没有去除悬浮物的水的颜色。对于清洁和浊度很低的水，其真色和表色相近；对于着色很深的工业废水，两者差别较大。水的色度一般指真色。

在测定水的色度之前，要先将水样静置澄清或离心取其上清液，也可用孔径为 0.45 微米的滤膜过滤去除悬浮物，但不可以用滤纸过滤，因为滤纸可能会吸附部分真色。主要的测定方法包括铂钴标准比色法和铬钴比色法、稀释倍数法和分光光度法。

(3)浊度

由于水中含有泥土、细沙、有机物、无机物、浮游生物和微生物等悬浮物质，对进入水中的光产生散射或吸收，从而表现出混浊现象。水中悬浮物对光线透过时所发生的阻碍程度称为浊度。色度是由水中的溶解性物质引起，而浊度则是由不溶解物质引起。浊度的大小不仅与悬浮物质的数量、浓度有关，还与它们的颗粒大小、形状和折射指数等有关。混浊的水会影响人对水的感官，也是水可能受到污染的标志之一。浊度高的水会明显阻碍光线的投射，从而影响水生生物的生存。

一般情况下，浊度的测定主要用于天然水、饮用水和部分工业用水。在给水处理中，通过测定浊度可以选择经济有效的混凝剂，确定其最佳投入量。尽管生活污水和工业废水主要通过悬浮物这一指标反映水中悬浮固体的多少，但在实际污水处理过程中，因为浊度测定较之悬浮物更为简便、快捷，易于实现在线监测，所以经常通过测定浊度达到随时调整所投加化学药剂的量，获得好的出水水质的目的。

引起浊度的物质多种多样，因此有必要确定一个标准的浊度单位。最早是采用每升水中含1毫克一定粒径(d≈400微米)的二氧化硅作为一个浊度单位,即1度。这种标准现在已不再应用,目前所采用的测量浊度的仪器为散射浊度计,它是用硫酸肼与六次甲基四胺聚合物溶液作为标准液,所测得的是溶液对光线通过时的总的阻碍程度,包括散射和吸收的影响,该法的浊度单位又称为散射浊度单位(NTU)。

测定浊度的方法主要有分光光度法、目视比浊法和浊度仪法。

(4)悬浮物

水中的固体污染物主要以悬浮状态、胶体状态和溶解状态存在。悬浮状态的固体污染物通常称为悬浮物,是指水中含有的不溶性物质,包括固体物质和泡沫塑料等。一般所指的固体污染物,主要是固体悬浮物(SS),它会造成水体外观恶化,浑浊度升高,改变水的颜色。

水质指标规定:悬浮物是指水样通过孔径为0.45微米的滤膜,截留在滤膜上并于103~105℃烘干至恒重的固体物质。

(5)臭

臭是检验原水和处理水的水质必测项目之一。臭主要来源于生活污水和工业废水中的污染物、天然物质的分解或与之相关的微生物活动。由于大多数臭太复杂,可检出浓度太低,故难以分离和鉴定产臭物质。

无臭无味的水虽然不能保证是安全的,但有利于饮用者对水质的信任。检验臭,也是评价水处理效果和追踪污染源的一种手段。

测定臭的方法有定性描述法和臭强度近似定量法(臭阈值法)。定性描述法依靠检验人员的嗅觉,分别在20℃和煮沸稍冷后闻其臭,用适当的词语描述其臭特征,并报告臭强度。臭阈值法是用无臭水稀释水样,直至闻出最低可辨别臭气的浓度(称臭阈浓度），用其表示臭的阈限。一般用自来水通过颗粒活性炭制取无臭水，自来水中的余氯可用硫代硫酸钠溶液滴定脱除。也可用蒸馏水制取无臭水，但市售蒸馏水和去离子水不能直接用作无臭水。

（6）电导率

水的电导率与其所含无机酸、碱、盐的量有一定关系。当它们的浓度较低时，电导率随浓度的增大而增加，因此，该指标常用于推测水中离子的总浓度或含盐量。不同类型的水有不同的电导率。新鲜蒸馏水的电导率为 0.5～2μS/cm，但放置一段时间后，因吸收了 CO_2，增加到 2～4μS/cm，超纯水的电导率小于 0.10μS/cm；天然水的电导率多为 50～500μS/cm；矿化水可达 500～1000μS/cm；含酸、碱、盐的工业废水电导率往往超过 10000μS/cm；海水的电导率约为 30000μS/cm。

常用的测定方法为电导仪法。根据测量电导原理的不同，电导仪可分为平衡电桥式电导仪、电阻分压式电导仪、电流测量式电导仪、电磁诱导式电导仪。

4.1.2 化学指标

（1）pH 值

天然水的 pH 值大多在 7.2～8.0 之间。当水体受到酸、碱污染后，会引起水体 pH 值变化。通过对 pH 值的测量，可以估计哪些金属已水解沉淀，哪些金属还留在水中。

水体受到酸、碱污染后，pH 值发生变化，当水体 pH 值小于 6.5 或大于 8.5 时，水中微生物生长将受到抑制，水体自净能力将受到阻碍，还会腐蚀船舶和水中设施。

在我国，再生水用作循环冷却补充水、市区景观河道用水、生活杂用水的 pH 值范围为 6.5～9.0；农田灌溉用水为 5.5～8.5；景观娱乐用水及渔业养殖用水为 6.5～8.0 等。在国外，美国对电厂和工业循环冷却水的pH值规定为低压7.0～10.0，中压8.2～10.0，高压8.2～9.0，日本工业用水中规定pH值为5.8～8.6。实际应用中，如在东京、川崎、名古屋分别达到6.8、6.8和6.9，几乎接近中性水。在市政杂用水方面，美国、日本基本上为5.8～8.6。从以上数据可看出，pH值的规定范围在国内外基本上一致，变化不大，但国外在pH值标准的划分上更系统化，分类较明确。

测定pH值最常用的方法是酸度计法、标准缓冲溶液比色法和酸碱滴定法。

(2)碱度

水的碱度是指水中所含能与强酸发生中和作用的物质总量，包括强碱、弱碱、强碱弱酸盐等。

天然水中碱度主要是由重碳酸盐、碳酸盐和氢氧化物引起的，其中重碳酸盐是水中碱度的主要形式。引起碱性的污染源主要有造纸、印染、化工、电镀等行业排放的废水及洗涤剂、化肥和农药在使用过程中的流失。

碱度和酸度是判断水质和废水处理控制的重要指标。碱度也常用于评价水体的缓冲能力及金属在其中的溶解性和毒性等。

测定水中碱度的方法和测定酸度一样，有酸碱指示剂滴定法和电位滴定法。前者用酸碱指示剂指示滴定终点，适用于一般非浑浊、低色度地面水；后者用pH计指示滴定终点，适用于水样浑浊、有色干扰水样的测定。

(3)水中的氯化物和余氯

氯化物几乎存在于所有的水和废水中。天然淡水中氯离子含量较低，约为几毫克/升，其来源主要为水源流经含氯化物的地层时所带入；而在海水、盐湖及某些地下水中，氯离子可高达数十克/升，因为食盐是人们日常饮食所必需，且经过消化系统后不发生任何变化,因此生活污水含有相当数量的氯离子;不少工业废水也含有大量氯离子。通常,氯离子的含量随水中矿物质的增加而增多。

饮用水中氯离子含量较低时,于人体无害;含量较高时,会因相应阳离子的存在而影响其口感。如当氯离子含量为 250mg/L,且相应阳离子为钠时,就会感觉到咸味;而当氯离子含量高达 1000mg/L,相应阳离子为钙、镁时,却不会有显著的咸味。工业用水中氯离子含量过高,会对金属管道、锅炉和构筑物产生腐蚀作用。另外,过多的氯离子会妨碍植物的生长,不适合灌溉。

为了破坏或灭活水中的病原微生物,给水或废水排放前,常对其进行消毒处理。水消毒的方法多种多样。例如,将水煮沸就是一种简单有效的消毒方法,臭氧、紫外线、二氧化氯等消毒方法也有应用,但目前应用最广且经济有效的方法首推氯消毒。最早于 1850 年,西方国家已将水的氯消毒作为流行病发生期间的一种应急给水处理措施,但直到 1904 年,英国才在其公共供水系统中采用了连续的氯消毒法。时至今日,该法已成为给水的一项常规处理工艺。

常用的氯消毒剂有液氯、漂白粉和二氧化氯等。在水处理中,氯除了作为消毒剂,还可用作强氧化剂,可用来处理含氰、含硫废水和对废水进行脱色、脱臭等。

在水的氯化消毒过程中,所投加的氯经过一定接触时间后,除了与水中的细菌和还原性物质发生作用被消耗外,还应有适量的剩余氯留在水中,以保证持续的杀菌能力,这部分氯称为余氯。水中具有杀菌能力的 Cl_2、HOCl 和 OCl^- 称为游离性余氯,NH_2Cl、$NHCl_2$ 和 NCl_3 等称为化合性余氯。在相同时间内,游离性余氯的杀菌能力更强,两者之和称为总余氯。在水的氯化消毒处理中,若加氯量过少,就不能完全达到杀菌的目的;若加氯量过多,既不经济又会使水产生刺鼻的臭味。因此,选择合适的加氯量是一个非常实际的问题,它通过需氯量实验确定。

水中氯离子的测定可采用容量法，包括硝酸银滴定法、硝酸汞滴定法、电位滴定法、离子色谱法。

(4)水中的含氮化合物

作为大气中的主要成分，氮在所有的动物、植物生命活动中扮演着重要的角色。氮在环境中有多种氧化态，且各种氧化态之间的转化可以由生物来完成。在不同的好氧或是厌氧条件下，微生物可以将氮氧化为高价态，或者还原为低价态。单纯从化学的角度来看，氮有七种价态：

−3	0	+1	+2	+3	+4	+5
NH_3	N_2	N_2O	NO	N_2O_3	NO_2	N_2O_5

然而，在水环境中的氮循环主要是在NH_3、N_2、N_2O和N_2O_5这几种氧化态之间的相互转化。具体而言，水中氮的存在形式有氨氮(NH_3、NH_4^+)、有机氮(蛋白质、尿素、氨基酸、胺类、脂化物、硝基化合物等)、亚硝酸盐氮(NO_2^-)、硝酸盐氮(NO_3^-)。

大气中的N_2可以通过植物的固氮作用转变为有机氮化合物，有机氮化合物在氨化细菌的作用下，转变为NH_3，亚硝化细菌可以将其氧化为NO_2^-，通过硝化细菌作用进一步将NO_2^-氧化为NO_3^-，植物和微生物可以利用NO_3^-、NH_4^+合成自身的蛋白质等物质。NO_3^-在缺氧条件下，可以被反硝化为NO_2^-，并最终还原为N_2释放到大气中，如此便构成了一个完整的氮循环。

水中氨氮的测定方法有气相分子吸收光谱法、纳氏试剂比色法、水杨酸分光光度法、蒸馏-滴定法和电极法等，测试结果均以氮的质量浓度(mg/L)计。

亚硝酸盐氮是以NO_2^-形式存在的无机氮化合物。它是氨氮进行硝化反应的中间产物，不稳定，容易被氧化为NO_3^-。由于在硝化过程中，从NH_3转化成NO_3^-过程比较缓慢，而由NO_2^-转化成NO_3^-过程迅速，因此亚硝酸盐氮在天然水体中含量不高，一般不超过0.1mg/L，即使在污水处理厂出水中也很少超过1mg/L。

水中亚硝酸盐氮的含量主要来源于生活污水中含氮有机物的分解，此外，化肥、酸洗等工业废水和农田排水也含有亚硝酸盐氮。

亚硝酸盐氮的测定方法主要有气相分子吸收光谱法、N-(1-萘基)-乙二胺比色法、α-萘胺比色法、分光光度法和离子色谱法等。

硝酸盐氮在清洁地面水中的含量较低，在深层地下水中含量较高。制革废水、酸洗废水、某些生化处理设施的出水和农田排水会含大量的硝酸盐氮。

硝酸盐氮的测定方法主要有气相分子吸收光谱法、酚二磺酸光度法、镉柱还原法、紫外分光光度法、离子色谱法和电极流动法等。

凯氏氮是指以凯氏(Kjeldahl)法测得的含氮量，包括氨氮和在此条件下能被转化为铵盐的有机氮化合物。在测定凯氏氮和氨氮之后，其差值即为有机氮。生活污水及食品、生物制品和制革等工业废水中常含较多的有机氮化合物，以蛋白质及其分解产物(如氨基酸)为主。可采用气相分子吸收光谱法测定凯氏氮。

总氮包括溶液中所有含氮化合物，测定方法包括气相分子吸收光谱法、过硫酸钾氧化—紫外分光光度法和加和法(凯氏氮、硝态氮)3 种。

(5)水中的含磷化合物

磷在地球上分布很广，由于它极易被氧化，因此在自然界中没有单质磷。

天然水中的磷含量通常很少，一般不超过 0.1mg/L。生活污水中会含有比较多的磷，主要来源于合成洗涤剂和食物中蛋白质的分解产物，化肥、农药、合成洗涤剂、冶炼等行业的工业废水中磷含量也较高。化肥和有机磷农药的大量使用，导致农田排水中含有大量的磷。在锅炉给水中，磷酸盐常被用来作为阻垢剂。

水中含磷化合物主要分为三类：正磷酸盐(PO_4^{3-}、HPO_4^{2-}、$H_2PO_4^{2-}$)、缩合磷酸盐[$P_2O_7^{4-}$、$P_3O_{10}^{5-}$、$(PO_3)_3^{3-}$]和有机磷(农药、

酯类、磷脂质等)。其中缩合磷酸盐可水解为正磷酸盐,温度越高,pH 值越低,水解越快。

水中各种形式的含磷化合物又可分为溶解性和悬浮性两类。

水中磷的测定,按其存在的形式,可分别测定总磷、溶解性正磷酸盐、溶解性总磷以及有机磷。正磷酸盐的测定包括钼酸铵分光光度法、孔雀绿—磷钼杂多酸分光光度法、氯化亚锡比色法和离子色谱法等方法。溶解性总磷和总磷的测定,通常分两步进行,首先对水样进行消解处理,使各种形态的磷转变成溶解性的正磷酸盐,再用氯化亚锡比色法、钼酸胺分光光度法或离子色谱法等方法进行定量测定。随着仪器分析技术的发展及其普及率的提高,水样中总磷的 ICP-AES 或 ICP-AES-MS 等测定技术已成为新的发展方向。水中有机磷的分析方法多采用气相色谱法或高效液相色谱法。

(6)水中的含硫化合物

硫是构成蛋白质的五种基本元素(C、H、O、N 和 S)之一,硫在自然界中的含量比较丰富,主要存在于多种矿石中,如黄铁矿(FeS_2)、辉铜矿(Cu_2S)、黄铜矿($CuFeS_2$)等,硫化矿露出地表,被氧化生成硫酸盐等。

硫酸根是天然水体中八种主要离子(HCO_3^-、SO_4^{2-}、Cl^-、SiO_3^{2-}、Na^+、K^+、Ca^{2+}、Mg^{2+})之一。在淡水中,SO_4^{2-} 的含量仅次于 HCO_3^-;在海水中,除 Cl^- 外,含量最高的阴离子便是 SO_4^{2-}。地表水和地下水中的 SO_4^{2-} 主要来源于岩石土壤中矿物组分的风化和溶解。火山爆发释放出的 SO_2 和化石燃料燃烧排放出的 SO_2,在空气中被催化氧化,形成硫酸或硫酸盐,并随着降水进入水体。化工、制药、造纸、农药、化肥等行业废水中也含有较多的 SO_4^{2-}。

地下水特别是温泉水中常含有硫化物,以 H_2S、HS^-、S^{2-} 等形式存在,它们的比例取决于水的 pH 值。通常地表水中硫化物含量不高,受到污染时,水中的硫化物主要来自在厌氧条件下硫酸盐和含硫有机物的微生物还原和分解。生活污水中有机硫化物含量较高，某些工业废水，如石油炼制、人造纤维、印染、制革、焦化、煤气、造纸等废水中也会含有硫化物。另外，硫化物还可以金属硫化物、有机硫化物等形态存在于水中。

硫酸盐的测定方法有气相分子吸收光谱法、硫酸钡重量法、铬酸钡光度法、铬酸钡间接原子吸收法、EDTA 容量法和离子色谱法等。

水中硫化物的测定方法有碘量滴定法、亚甲基蓝分光光度法、直接显色分光光度法和硫离子选择电极法等。

(7)金属离子

水体中的金属离子，有些是人体健康必需的常量元素和微量元素，有些是对人体健康有害的，如汞、镉、铬、铅、铜、锌、镍、钡、钒、砷等。

有害离子侵入人的肌体后，会使某些酶失去活性，出现不同程度的中毒症状。其毒性大小与金属种类、理化性质、浓度及存在的价态系形态有关。例如，汞、铅、镉、铬及其化合物对人体健康产生长远的影响；汞、铅、砷、锡等金属的有机化合物比相应的无机化合物毒性强得多；可溶性金属要比颗粒态金属毒性大；六价铬比三价铬毒性大。

由于金属以不同形态存在时，其毒性大小不同，所以可以分别测定可过滤金属、不可过滤金属和金属总量。可过滤态指能通过孔径 0.45 微米滤膜的部分；不可过滤态指不能通过 0.45 微米滤膜的部分；金属总量是未经过滤的水样经消解后测得的金属含量，是可过滤金属与不可过滤金属之和。

测定水体中金属元素广泛采用的方法有分光光度法、原子吸收分光光度法、阳极溶出伏安法及容量法。以前两种方法应用最多，容量法用于常量金属的测定。

4.1.3 有机污染物指标

目前,有统计的有机化合物的数量已达700多万种,其中还不包括天然有机化合物及人工合成有机化合物的降解产物。并且,新合成的人工有机物数量还在以每年成千上万种的速度递增。如此规模的有机物不可避免地会通过各种方式进入环境水体中,如天然水体中常含有多种多样的动植物体腐殖质,生活污水中含有大量人体排泄物、洗涤污物、厨余废物和胶体状物质等,而工业废水中的有机物更是种类繁多,如动植物纤维、油脂、糖类、染料、有机酸以及有机原料及产物等。此外,农业生产中的化肥、农药残留物及各种禽畜废水会以更广泛的途径进入天然水体。

水体中有机物的分类,按其最初的来源,可分为天然来源与人工合成。天然来源可分为植物、动物和矿物三个方面,植物经光合作用及各种生物化学作用,利用无机化合物合成淀粉、纤维素、蛋白质等生命物质。动物以植物为食,经生化反应合成动物体内的种种物质。天然气、煤和石油等是有机物的矿物来源。人工合成的有机物是上述三方面来源的有机物质经分解、合成等化学反应的产物。

进入水体中的有机物在有氧条件下,可进行生物氧化分解,分解过程中要消耗水中的溶解氧。例如,在有机物严重污染的水体中,水中溶解氧含量几乎为零,鱼类等水生生物生长受到抑制甚至导致死亡,在无氧条件下可发生厌氧反应,使水体腐臭、水质恶化;有机物又是很多微生物(包括病菌)的食料,水中有机物增多,病原微生物会大量繁殖,加大了疾病传播的可能性;水中有毒有机物则能直接危害人体健康、水生生物的生长。从过去经常提到的"三致"(致癌、致畸、致突变)化合物、环境优先控制污染物到今天人们普遍关注的内分泌干扰物,人们日益认识到某些人工合成有机物对人类自身和生态环境的危害。当富含氮、磷的有机物进入流动缓慢的水体(如湖泊、河流、港湾等)时,将会导致水体的富营养化或赤潮的频繁发生。总之,水中的有机物含量是一项非常重要的水质指标。

水中有机物质种类繁多,组成复杂,化学结构和性质千差万别,且往往含量低,甚至是痕量浓度,在大多数情况下很难一一分辨、逐个测定。因此,在环境监测中,除了对必要的、特定的有机化合物做单项测定外,一般都采用间接方法,即测定一些综合性指标来反映水中有机物的相对含量。最常用的测定手段是利用大部分有机物比较容易被氧化这一共同特性。氧化的方式大致有化学氧化、生物氧化和燃烧氧化三类,均是以有机物在氧化过程中所消耗的氧化剂的量换算成氧的数量来代表有机物的数量,如化学需氧量(COD)、生化需氧量(BOD)和总需氧量(TOD)都属于综合性指标。而总有机碳(TOC),则是根据碳(C)量的变化来反映有机物的总量。

事实上,许多痕量有毒有机物对综合指标 BOD、COD、TOC 和 TOD 等的贡献极小,但其危害不容忽视,甚至具有更大的潜在危害。在某些条件下,综合指标并不能充分反映有机污染的状况。在一些特殊情况下,例如,在环境监测、工程实践,尤其是科研活动中,为了尽量、尽快地摸清水中有机污染的种类,或是探讨有机物在环境中的迁移转化规律,有时也要求测定某种有机物的含量。为了测定这些单个的有机化合物,就需要采取一些特殊的高效分离、分析手段。

(1)化学需氧量

化学需氧量是指在一定条件下,水中易被强氧化剂氧化的还原性物质所消耗氧化剂的量,结果以氧的质量浓度(mg/L)表示。

化学需氧量所测得的水中还原性物质主要是有机物,若水样中含有硫化物、亚硫酸盐、亚硝酸盐、亚铁盐等无机还原物质时,它们也会被强氧化剂氧化,从而表现为化学需氧量。但是,废水中有机物的数量远多于无机还原物质的数量，因此化学需氧量可以反映水体受有机物污染的程度。

化学需氧量是一个条件性指标，会受加入的氧化剂的种类、浓度，反应液的酸度，温度，反应时间及催化剂等条件的影响。根据所用氧化剂的不同，化学需氧量的测定方法又分为重铬酸钾法（一般称其为化学需氧量，用 COD_{Cr} 表示）和高锰酸盐法（一般称其为耗氧量，又称高锰酸盐指数，用 OC 或 COD_{Mn} 表示），这两种方法从建立至今已有 100 多年的历史。在 20 世纪 50 年代以前，环境污染尚不严重，多采用高锰酸盐法和生化需氧量来研究水体污染及其防治。60 年代开始，环境污染日益严重，又因高锰酸钾的氧化率（仅为 50%左右）等因素的限制，重铬酸钾法应用的范围越来越广。目前，高锰酸钾法仅适用于地表水、地下水及饮用水等较清洁水样的测定；而重铬酸钾极强的氧化性（氧化率可达 90%左右）使得重铬酸钾法已成为国际上广泛认定的 COD 测定的标准方法，适用于生活污水、工业废水和受污染水体的测定。

(2)生化需氧量

生化需氧量是指在一定条件下、一定时间内氧化水样（20℃）中的微生物所需溶解的分子氧的总量。

生化需氧量可评估某一水体中有机污染对氧含量影响的程度。有机质的生化降解或转变过程可通过两个阶段进行，这两个阶段不可截然分开：在第一阶段，有机物大部分分解为无机物；在第二个阶段，又称为硝化阶段，主要是氨氧化过程。这些氨是由含氮有机化合物转变为亚硝酸盐及硝酸盐过程中产生的。第一阶段反应中消耗的氧才是所要求的 BOD。

BOD 的测定受多种因素影响，如水中有机质的性质及浓度，微生物的性质、数量及适应性，供微生物用的营养物的性质和数量，培养时间（指消耗氧的时期），温度，光的影响，有毒物质对生物和生物化学的影响。

BOD_5 是指在20℃下、微生物在5天的培养期间内氧化分解水中的有机质所用的溶解氧分子的量。

在国外，水质指标中生化需氧量及化学需氧量的要求普遍高于我国，尤其是化学需氧量。日本市政及景观游览用水中规定生化需氧量 $BOD_5 \leqslant 10mg/L$，化学需氧量 $COD_{Cr} \leqslant 1mg/L$。在以色列，灌溉中水中BOD的要求较我国明确，其中：纤维、甜菜、谷物、森林用水≤60mg/L；青饲料、干果用水≤45mg/L；果园、熟食蔬菜、高尔夫球场用水≤35mg/L；其他农作物、公园、草地用水≤15mg/L。美国《中水建议指导书》中规定：城市再利用、农业再利用及风景河道湖泊用水 $BOD_5 \leqslant 10mg/L$；而限制公众穿越的场地的灌溉、食用作物灌溉、非食用作物的灌溉、风景景观塘湖（不允许公众与再生水接触）、建筑的使用、工业回用及环境回用水 $BOD_5 \leqslant 30mg/L$。

(3)总有机碳

生化需氧量（如 BOD_5）和化学需氧量不能简单地转换成有机物质总量，为此，另外引入参数来确定有机结合碳总量（TOC）和溶解有机碳含量（DOC）。TOC和DOC可以由它们所含有机结合碳的量正确地定义，并能采用现代化仪器分析方法比较准确地测量。然而，目前并不知道这些化合物的组成，所以这两个参数仅代表部分的总有机物质，不能定量地转变成总值。

为了测定TOC/DOC，用紫外线或通过湿式化学方法或高温燃烧将水样中含有的有机物质氧化，就可测定释放出来的二氧化碳量。商品仪器常使用非色散 CO_2 红外分析装置，若采用火焰离子化检测器进行气体分析，逸出的 CO_2 必须首先在催化区转变成甲烷。没有一个测量体系是绝对的，因此必须用标准溶液校正仪器设备。常用来校正TOC/DOC的方法是邻苯二甲酸氢钾法。

因多数水样中既含有无机碳（CO_2、HCO_3^-、CO_3^{2-}），也含有机结合碳，前者必须在TOC/DOC测定前通过释出法除去。若存在挥发性有机物，TOC/DOC 含量可从总碳含量和无机结合碳量的差异中计算出来。对于含有较大比例无机结合碳的水样，该方法误差较大。这些方法可用于 TOC 和 DOC 含量近于 0.1mg/L～1g/L 以上所有类型的水样。

(4)可吸收紫外线的有机组分

为确定溶于水中有机物的全部参数，作为 $K_2Cr_2O_7$ 法得到的化学需氧量(COD_{cr})和溶解有机碳(TOC 或 DOC)的一种补充，紫外吸收测量已成为一种快速测定光谱吸收系数的方法，它可作为测定溶解有机物含量的一种间接方法。基于此目的，测定于 254 纳米波长下进行。

应用此方法时，必须保证水样清亮，因为混浊会产生错误结果。可通过采用平均孔径为 0.45 微米的滤膜过滤水样消除混浊，也可用离心法。

(5)表面活性剂

表面活性物质就是通常所说的去垢剂或表面活性剂，它们被用作清洁剂、洗涤剂、化妆品，也可作为工业产品的助剂，其应用范围宽广。

大量的洗涤剂或其他工业产品，不仅包括阴离子表面活性剂，而且也包括阳离子表面活性剂、两性离子表面活性剂及非离子型表面活性剂。

大多数表面活性剂可溶于乙醇。因此，蒸发水样的残余物中可溶于乙醇的物质的含量，即表示水样中表面活性剂的含量。必须注意，其他可溶于乙醇的物质有干扰作用，且水样中一些无机物质也会进入乙醇提取液中，所以，对第一次提取液再进行第二次提取很有必要。很多去垢剂对干燥敏感，所以，乙醇提取液的干燥时间限制在 85℃下 2 小时。

(6)酚

酚是羟基与芳香环直接相连的一类物质的总称。最简单的为苯酚，苯酚的邻、间、对位，可以分别被不同取代基取代，生成一系列酚的衍生物，由于结构和分子质量不同，导致沸点不同。根据酚类能否与水蒸气一起蒸出，分为挥发酚与不挥发酚。通常认为沸点在230℃以下的为挥发酚(属一元酚)，而沸点在230℃以上的为不挥发酚。废水中通常含有多种酚，因为不能都进行测定，现在仅监测挥发酚。

酚类化合物是一种原生质毒物，可使蛋白质凝固，酚的水溶液易被皮肤吸收，酚蒸气易由呼吸道吸入，从而引起中毒。酚属高毒物质，它对神经系统损害性大，也能引起肝、肾和心肌的损害。高浓度酚可引起急性中毒，甚至昏迷致死；低浓度酚可引起积累性慢性中毒，长期饮用被酚污染的水，会引起头晕、贫血及各种神经系统病症与障碍。含酚废水进入水体后，将严重影响地面水的卫生状况，水中酚含量在0.3mg/L以上时，可引起鱼类的逃跑；酚含量大于5mg/L时，会使鱼中毒死亡，残存的鱼具有酚臭。我国规定，地面水酚类化合物最高允许浓度为0.005mg/L，饮用水以加氯消毒时不产生氯酚臭为准。酚污染源分布比较广泛，主要来自钢铁工业、煤气发生站、焦化厂、炼油厂、石油化工厂、木材防腐厂、造纸厂、生产苯酚及苯类化合物的车间、绝缘材料和合成纤维、树脂(如酚醛树脂)等工业废水。

(7)矿物油

水中的矿物油来自工业废水和生活污水。工业废水中石油类(各种烃类的混合物)污染物主要来自原油开采、加工及各种炼制油的部门。近年来，不断发生的油轮触礁，导致大量原油泄漏污染水体事件，已成为水体受矿物油污染的最主要原因。矿物油漂浮在水体表面，影响空气与水体界面间的氧交换；分散于水中的油可被微生物氧化分解，消耗水中的溶解氧，使水质恶化。矿物油中还含有毒性大、难降解的芳烃类，使水体的生物链受到破坏，物种减少。

测定矿物油的方法有重量法、非色散红外法、紫外分光光度法、荧光法、比浊法等。

4.1.4　微生物指标

水中所含微生物来源于空气、土壤、污水、垃圾、死的动植物等,所以水中微生物种类是多种多样的。我们在供给人民生活饮用水时,必须保证水中没有病原微生物。废水中含有的致病性微生物,包括多种病原性细菌(如霍乱、伤寒和痢疾等病菌)、病毒(如肠道病毒和传染性肝炎病毒)、虫卵和原虫(如蛔虫、血吸虫和阿米巴虫)等。当富含有机物和致病性微生物的城市废水、医院废水、制革厂与屠宰场的工业废水和垃圾渗滤液等排入水体以后,致病性微生物得以大量繁殖,对人体与牲畜造成危害甚至导致水传播疾病的流行。为此,我们需要知道水中常见的微生物和病原微生物,以及检测指标。

(1)地表水和废水中常见的微生物

地表水和废水中常见的微生物包括细菌、真菌、藻类、原生动物和病毒。习惯上,常将这些水环境中的微生物分为淡水微生物和咸水微生物两大类。

①淡水微生物。淡水区域的自然环境多靠近陆地,因此,淡水微生物主要来源于土壤、空气、污水、人和动物的排泄物以及死亡腐败的动植物尸体等。事实上,土壤中所有的细菌、放线菌和大部分真菌,在水体中都能找到,并且成为淡水中的固有种(如色杆菌属)。

处于城镇等人口聚集地区的湖泊、河流等淡水,由于不断接纳各种污水,有机物含量较高,因而细菌含量远比清洁水域高,一般每毫升水可多达几千万甚至几亿个。细菌种类主要有腐生型细菌、真菌和原生动物,如芽孢杆菌属、梭菌属、变形菌属、大肠杆菌、粪链球菌和弧菌、螺菌,另外还有大量酵母菌。底层淤泥中厌氧细菌较多(如甲烷杆菌属),此外还有原生动物和鞘细菌。这些细菌种群与污水中的生物种群较接近。

在水流缓慢的浅水或湖泊、池塘中,常有丝状藻类、丝状细菌和真菌生长,而且由于藻类大量繁殖,形成有机质丰富的微环境,因而腐生型细菌和原生动物也随之大量繁殖。

②咸水微生物。咸水中微生物种类与海洋区域有关。远海区域含盐量较高,主要生存嗜盐并能耐高渗透压的细菌(如盐生盐杆菌),在含盐量12%的饱和盐水中可生长。

在海岸及入海口的淡咸水交汇处有机物含量较高,含盐量较低,细菌含量较高。常见细菌主要有假单胞菌属、动胶菌属、弧菌属、梭菌属、变形菌属、硫细菌、硝化细菌和蓝细菌中的一些种,常见酵母菌有色串孢属和酵母,海洋中的藻类较多,主要有硅藻。

(2)致病生物

进入水中的病原微生物大多来自人或动物的排泄物,或死于传染病的人或动物,如伤寒杆菌、霍乱弧菌、痢疾杆菌、甲型肝炎病菌、脊髓灰质炎病毒等。病原微生物进入水环境的途径主要有医院污水、家庭污水及城市街道排水等。当它们进入水体后,则以水作为它们生存和传播的媒介。

水中细菌虽然很多,但大部分都不是病原微生物。经水传播的疾病主要是肠道传染病,如伤寒、痢疾、霍乱以及钩端螺旋体病、肠炎等。伤寒杆菌、痢疾杆菌、霍乱弧菌,这三种肠道传染病菌对氯的抵抗力都不大,用一般的加氯消毒法都可除去。但有些病原菌,采用通常的消毒剂量难以杀死。目前,一般水厂的加氯量只能杀死肠道传染病菌。

除传染病菌外,还有一些借水传播的寄生虫病,如蛔虫、血吸虫等。防止寄生虫病传播的重要措施是改善粪便管理工作,在用城市生活污水灌溉前,应经过沉淀等处理,将多数虫卵除去。在水厂经过砂滤和消毒,可将水中的寄生虫卵完全消除。

此外，水中的病毒也可以传染疾病。现在已知的可由饮用水传染的病毒性疾病主要是脊髓灰质炎（小儿麻痹症）和病毒性肝炎，还有柯萨奇病毒和埃可病毒等肠道病毒。

（3）指示生物

从卫生上来看，天然水中的病原菌很可能是肠道传染病菌。所以对生活饮用水进行卫生细菌学检验的目的，是为了保证水中不存在肠道病原菌。水中存在病原菌的可能性很小，而水中的各种细菌的种类却很多，要排除一切细菌而单独检出某种病原菌来，在培养分离及检测技术上较为复杂，需较多的人力和较长的时间。因此，除特殊情况外，一般不直接检测水中的病原菌，而是测定水中是否有肠道正常细菌的存在。

肠道正常细菌有三类：大肠菌群、肠球菌群和产气荚膜杆菌群。选作指示生物的菌群必须符合下列条件：指示生物的生理习性与肠道病原菌类似，而且它们在外界的生存时间基本一致；指示生物在粪便中的数量较多；指示生物在宿主生物体外不会继续繁殖；指示生物的检测技术较简单。

根据上述要求，长期以来选定了大肠菌群作为指示生物，来检验水的卫生指标，因为大肠杆菌的生理习性与伤寒杆菌和痢疾杆菌等病原菌的生理特性较为相似，在外界生存时间上也与上述病原菌基本一致。若由水中检出此菌群，就有可能存在病原微生物。

4.2 神奇的自愈能力——水体的自净作用

污水排入水体后，一方面对水体产生污染，另一方面水体本身有一定的净化污水的能力，即经过水体的物理、化学与生物的作用，使污水中污染物的浓度得以降低，经过一段时间后，水体往往能恢复到受污染前的状态，并在微生物的作用下进行分解，从而使水体由不洁恢复为清洁，这一神奇的水体自愈能力我们称之为水体的自净作用。

4.2.1 “护身法宝”的解读

水体自净作用主要通过三方面来实现。

(1)物理作用

物理作用包括可沉性固体逐渐下沉，悬浮物、胶体和溶解性污染物稀释混合，浓度逐渐降低。其中稀释作用是一项重要的物理净化过程。

(2)化学作用

指污染物质由于氧化、还原、酸碱反应、分解、化合、吸附和凝聚等作用而使污染物质的存在形态发生变化和浓度降低。

(3)生物作用

指由于各种生物(藻类、微生物等)的活动特别是微生物对水中有机物的氧化分解作用使污染物降解。它在水体自净中起到非常重要的作用。

水体中污染物的沉淀、稀释、混合等物理过程，氧化还原、分解化合、吸附凝聚等化学和物理化学过程以及生物化学过程等，往往是同时发生，相互影响，并相互交织进行。一般说来，物理化学和生物化学过程在水体自净中占主要地位。

当然，水体的自净是有一定限度的，超过水体的自净能力，其污染就不能清除。水体的自净与污染物的种类、排入量、性质、浓度和水体本身的物理、化学、生物等因素有密切关系。

4.2.2 “水纳百污”中污染物的转归

污染物在水体自净过程中的转归，是指污染物经过物理、化学和生物学作用的转移和转化过程。

(1)污染物的迁移

是指污染物在环境中所发生的空间位置的移动及其所引起的

富集、分散和消失的过程。污染物的迁移方式主要有三种：

①机械迁移：即污染物在水体中的扩散作用和被水流的搬运。

②物理—化学迁移：对无机污染物而言，是以简单的离子、络离子或可溶性分子的形式通过溶解—沉淀作用、氧化—还原作用、水解作用、吸附作用、络合和螯合作用等来实现污染物的迁移；对有机污染物而言，除上述作用外，还有通过化学分解和光化学分解等作用来实现。物理—化学迁移是污染物在环境中迁移的最重要形式。

③生物迁移：是一种非常复杂的迁移形式，污染物是通过生物体的吸收、代谢、生长、死亡等过程来实现的迁移，它与各生物种属的生理、生化和遗传、变异等作用有关。应该指出，污染物在环境中迁移常伴随着形态的转化。

(2)污染物的转化

污染物转化主要通过氧化还原、络合水解和生物降解等作用。环境中的重金属在氧化还原条件下，可接受或失去电子，改变化学毒性和迁移能力。如五价砷在水中还原转化为三价砷，毒性增大。水解是有害物质同水反应，使其性质变化，并使其进一步分解和转化。此外，水中还含有各种螯合剂，可与水中的有害物质发生络合反应，改变其存在状态。

(3)生物富集(又称生物浓缩)

水体中某些污染物如重金属、有机氯农药、多氯联苯等被水生生物吸收后，可在生物体内不断蓄积而富集，使其在生物体内的浓度大大超过水环境中的浓度，称之为生物富集。

水生生物对水环境中的污染物除直接吸收进行生物富集外，并通过食物链逐级积累富集，称为生物放大。如浮游植物→浮游动物→贝、虾、小鱼→大鱼，逐级富集。经过调查计算，如果海水中含汞0.0001ppm，海水中生长的浮游生物可生物富集至0.001～

0.002ppm，小鱼吃浮游生物后，其体内的含汞量可达1～5ppm。

由此可见，有些毒物经食物链生物放大之后，水生生物体内毒物含量可比海水高几万至几十万倍。滴滴涕进入生物体内，通过食物链，生物富集尤为明显，可简要说明如下：

食物链	水→	浮游生物→	小鱼→	大鱼→	食鱼鸟
滴滴涕(ppm)	0.00003	0.04	0.5	2.02	5.0
生物富集系数		0.13万	1.7万	6.7万	85万

(4)水体富营养化

由于水体受到污染，生物所需的氮、磷等营养物质，大量进入湖泊、河口、海湾等缓流水体，引起藻类及其他浮游生物迅速繁殖，水面往往呈绿色、红色、棕色、乳白色等，这种现象出现在湖泊中称为水华，在海湾中叫赤潮。藻类死亡后若被需氧微生物分解则水中的溶解氧不断减少；如为厌氧分解便产生硫化氢、甲烷等气体。上述两种情况都能使水质恶化，造成鱼类和其他水生生物死亡。藻类及其他浮游生物残体在腐烂过程中，又把生物所需的磷、氮等营养素释放到水中，供新的一代藻类利用。因此，富营养化了的水体，即使切断了外界营养素的来源，水体也难以自净和恢复到正常状态。

4.3 水处理的技术方法

水处理技术按其作用原理可分为四大类，即物理法、化学法、物理化学法和生物法。生物法中又分为好氧生物处理及厌氧生物处理。

4.3.1 物理法

利用废水中污染物的物理特性(如比重、质量、尺寸、表面张力等)，将废水中主要呈悬浮状态的物质分离出来，在处理过程中不改变其化学性质。属于物理的处理方法主要有以下几种：

(1)沉淀(重力分离)法

利用废水中的悬浮物和水的比重不同这一原理,借重力沉降或上浮作用,使密度大于水的悬浮物沉降,密度小于水的悬浮物上浮,然后分离除去。常用的沉淀装置有沉砂池、沉淀池、隔油池等。废水在沉淀装置的停留时间通常为:沉砂池2～35分钟,沉淀池、隔油池一般为1.5～2小时。

(2)过滤法

利用过滤介质截留废水中残留的悬浮物质。如胶体、絮凝物、藻类等,使水获得澄清。过滤介质有筛网、砂层、滤布等。过滤设备有格栅、砂滤池、压滤机等。处理效果与过滤介质孔隙度有关。

(3)离心分离法

利用悬浮物与水的密度不同,借助离心设备的旋转,在离心力作用下,使悬浮物与水分离。离心力与悬浮物的质量呈正比,与转速的平方呈正比。而转速在一定范围内是可以调节的,所以能获得很好的分离效果,远远超过重力分离法。离心设备有水力旋流器、旋流沉淀池、离心机等。一般离心法多用于去除轧钢废水中的氧化铁屑、回收洗毛废水中的羊毛脂以及污泥的脱水等。

(4)气浮(浮选)法

将空气打入废水中,使废水中乳状油粒(粒径在0.5～2.5微米)黏附到空气泡上,随气泡上升至水面,形成浮渣而去除。按制取微细气泡的方法不同,气浮法可分为电解气浮法、分散空气气浮法和溶解空气气浮法。电解气浮法由于在电极上产生的细微气泡上升时没有引起紊动,故特别适用于脆弱絮状体的情况,但由于电耗及操作运行管理、电极结垢等原因,较难适用于大型生产。分散空气气浮法有两种形式:微气泡曝气法和剪切气泡法。由于产生的气泡较大,上升速度快,对水体的扰动比较剧烈,同时采用高速旋转混合器来产生气泡,则需较高的紊动作用或剪切力。这两方面作用都会对所形成的脆弱絮状体产生撞击和破坏作用，故处理效果较差，所形成的浮渣含固率亦相当低。因此，此法主要用于矿物浮选，也可用于含油脂、羊毛等污水的初级处理及含有大量表面活性剂污水的泡沫气浮分离等工艺。溶解空气气浮法主要有真空气浮法和加压溶气气浮法。真空气浮法得到的空气量是受到能够达到的真空度限制的，一般运行真空度在 40kPa，故可溢出的微气泡数量是很有限的。而且需要设备密闭，如有漏气，则难以运行，故价格较贵，且运行与维修都较困难。因此，该法已逐步被加压溶气气浮法所取代。

(5)高梯度磁分离法

利用高的磁场梯度来分离水中某些污染物质的方法，称为高梯度磁分离法。高梯度磁分离器如图 4-1 所示。

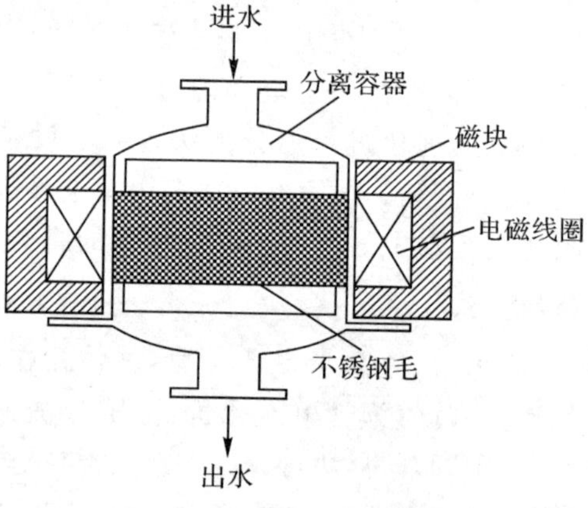

图 4-1　高梯度磁分离器

这种分离器以纤维状不锈钢毛为磁化基质，直流电通过电磁线圈，使过滤筒体内的上下磁极产生强背景磁场，钢毛受到磁化，并在磁场中使磁力线紊乱，造成磁通疏密不均，形成很高的磁场梯度。水中磁性粒子受到的水流阻力远比磁力要小，因此，颗粒在比一般沉淀法和过滤法高数倍乃至上百倍的流速下仍能被吸附在钢毛表面，从水中分离出来。当钢毛滤料层被磁性粒子堵塞后，切断直流电源，使磁场的磁力消失，被捕集的杂质很容易从钢毛中冲洗出来。

高梯度磁分离技术工艺简单、设备紧凑，占地少、易于实现自动化，因此该技术在水处理工程中得到广泛应用，很有发展前途，但其基建及运行费用高、能耗大。

4.3.2 化学法

利用污染物质的化学特性（如酸碱性、电离性、氧化还原性）来分离回收废水中的污染物，或改变污染物的性质，使其从有害变为无害。属于化学处理方法的有：

(1)中和法

是降低废水的酸性或碱性的处理方法，即调整废水的 pH，使之接近中性，为进一步处理打下基础。常用的中和方法有以下几种：

①酸性废水与碱性废水混合。若有酸性与碱性两种废水同时均匀地排出时，且两者各自所含的酸、碱量又能够相互平衡。那么，两者可以直接在管道内混合，不需设中和池。但是，对于排水情况经常波动变化时，则必须设置中和池，在中和池内进行中和反应。中和池一般应是平行设计两套，进行交替使用。

该法的优点是以废治废，投资省，运行费用低，缺点是出水中的硫化物、耗氧量和色度都会明显增加，还需进一步处理。

②投药中和。投药中和就是将碱性或酸性中和药剂如石灰、石灰石、硫酸、盐酸等，投入到酸性及碱性废水中，经过充分中和反应，使废水得以治理。投药中和又分为干投法和湿投法两种。

干投法 干投法是将固体的中和药剂按理论投加量的 1.4～1.5 倍，均匀连续地投入到酸性废水中。干投法可利用电磁振荡原理的石灰振荡设备投加，以保证投加量的均匀。它设备简单，但反应较慢，反应不易彻底，而且投药量大。

湿投法 当石灰成块状时，则不宜采用干投法，可采用湿投法。即先在石灰消化槽里将石灰加水消化，制成40%～50%浓度的乳液，投入乳液槽，再加水搅拌调配成5%～10%浓度的石灰水，然后用泵送到投配槽，经投加器投入渠道，与酸性废水共同流入中和反应池，发生中和反应后进行澄清，使水与沉淀物进行分离。

③过滤中和。过滤中和就是利用石灰石、大理石、白云石等作滤料，使酸性废水通过滤料得到中和。采用过滤中和时，要求对废水中的悬浮物、油脂等进行预处理，以便于中和的进行，并防止滤料的堵塞。

(2)混凝法

化学混凝法是向废水中投放化学混凝剂，使废水中的某些污染物由溶解状态或胶体状态变成凝胶状态，集结为絮体。絮体吸附、捕集悬浮物并使之进一步集结，沉淀下来。

废水在未加混凝剂之前，水中的胶体和细小悬浮颗粒的本身质量很轻，受水的分子热运动的碰撞而做无规则的布朗运动。颗粒都带有同性电荷，它们之间的静电斥力阻止微粒间彼此接近而聚合成较大的颗粒；其次，带电荷的胶粒和反离子都能与周围的水分子发生水化作用，形成一层水化壳，阻碍各胶体的聚合的作用。一种胶体的胶粒带电越多，其电位就越大；扩散层中反离子越多，水化作用也越大，水化层也越厚，因此扩散层越厚，稳定性越强。

废水中投入混凝剂后，胶体因电位降低或消除，破坏了颗粒的稳定状态(称脱稳)。脱稳的颗粒相互聚集为较大颗粒的过程称为凝聚。未经脱稳的胶体也可形成大的颗粒，这种现象称为絮凝。不同的化学药剂能使胶体以不同的方式脱稳、凝聚或絮凝。按机理，混凝可分为压缩双电层、吸附电中和、吸附架桥、沉淀物网捕四种。

常用的混凝剂有明矾、绿矾、硫酸铁、氯化铁、氯化亚铁等。明矾对混凝含碳的废水更为有效，硫酸铁则在废水中蛋白质含量高时效果较好。近年来高分子混凝剂使用较多，其优点之一是用量小，简化了储存问题，生成的污泥量减少，但价格较贵。

(3)氧化还原法

水中有些无机和有机的溶解性物质，可以通过化学反应将其氧化或还原，转化成无害的物质，或转化成气体或固体而容易从水中分离，从而达到处理的要求。

根据氧化方法或氧化剂的不同，化学氧化处理有以下几种常用的方法：

①空气氧化。利用空气中的氧来氧化废水中待氧化物质。其方法是将空气通入废水，必要时加高温、高压或催化剂，以增强氧化效果。如：用天然锰砂滤池过滤经曝气后的含铁地下水，空气中的氧将 Fe^{2+} 氧化为 Fe^{3+}，天然锰砂能对水中 Fe^{2+} 的氧化反应起催化作用，最终 Fe^{3+} 与水中的碱作用形成 $Fe(OH)_3$ 而被除去。

②氯氧化。氯在给水处理和废水处理中，常被广泛地用作消毒剂，用以杀灭水中的细菌和有害微生物。但氯又可作为氧化剂，用于废水处理。常用的药剂有液氯、漂白粉、次氯酸钠、二氧化氯等。如：电镀含氰废水的处理。电镀含氰废水中的氰化合物通常是氰化物，致毒物质是氰根。一定条件下向废水中加氯，使氰根氧化为二氧化碳和氮，从而失去毒性。

③臭氧氧化。臭氧(O_3)是一种强氧化剂与杀菌剂。可用于处理含氰、酚、油、洗涤剂废水，也可脱除自来水中的铁和锰，去除 COD 和 BOD，还可与其他方法联用，如与超声波法配合可脱除废液中的氮和磷。因而它是一种较为理想的三级处理手段，可达到去臭、去色、去味的目的。与加氯氧化相比，臭氧的氧化能力是氯的 2 倍，因而氧化更完全，反应更迅速，杀菌、消毒作用更强；臭氧

反应后的残留物是氧气，能使处理后的废液溶解氧达到 40mg/L。臭氧氧化生成物的毒性一般也比氯氧化生成物的小。但臭氧具有强腐蚀性，因此设备及管路应采用耐腐蚀的材料或进行防腐处理。

④光氧化。利用光和氧化剂产生很强的氧化作用来氧化分解废水中的有机物和无机物。常用的氧化剂为氯气，常用的光源为紫外光。在加氯的污水中照射紫外线，可使氯的氧化能力加强 10 倍以上。其原理是氯与水作用生成的次氯酸分子吸收紫外光后，产生初生态氧，初生态氧在光的照射下，把有机物氧化成 CO_2 和 H_2O。

还原法常用于废水中铬、汞的去除。如：电还原沉淀法去除电镀液中的铬。在通电过程中，废水中的 Cr^{6+} 被还原为 Cr^{3+}，再转化为 $Cr(OH)_3$ 而被去除。又如，用铜或锌处理含汞废水时，从废水中析出的汞在金属表面上形成汞齐或汞滴，用干馏法可以回收到纯净的汞，并使金属恢复洁净的表面，再次用于置换。

(4)电解法

电解是利用直流电进行溶液氧化还原反应的过程。电解时，把电能转变为化学能的装置为电解槽。在电解槽中，与电源正极相连接的极称为阳极，与电源负极相连接的极称为阴极。当接通直流电源后，电解槽的阴极和阳极之间发生了电位差，驱使正离子移向阴极，在阴极取得电子，进行还原反应；负离子移向阳极，在阳极放出电子，进行氧化反应。从而使得废水中的污染物在阳极被氧化，在阴极被还原，或者与电极反应产物作用，转化为无害成分被分离除去。目前对电解还没有统一的分类方法，一般按照污染物的净化机理可以分为电解氧化法、电解还原法、电解凝聚法和电解浮上法；也可以分为直接电解法和间接电解法。按照阳极材料的溶解特性可分为不溶性阳极电解法和可溶性阳极电极法。

(5)化学沉淀法

向废水中投加某些化学药剂，使其与废水中的污染物发生化学反应，形成难溶的沉淀物，从而达到去除污染物的目的。废水中含有危害性很大的一些重金属（如 Hg、Zn、Cd、Cr、Pb、Cu 等）和某些非金属（如 As、F 等）都可用化学沉淀法去除。例如，粘胶纤维厂含锌废水的处理，可加入 NaOH，控制 pH 为 9.5，使 Zn 形成 $Zn(OH)_2$ 沉淀而去除。废水中溶解的无机汞化合物可以用硫化物沉淀法处理。由于硫化汞的溶解度很小，此法的除汞率很高。对于有机汞，则必须先用氧化剂（加氯）将其氧化成无机汞。铅蓄电池废水中含有较高浓度的铅，可投加碳酸钠作为沉淀剂去除铅。

4.3.3 物理化学法

利用物理化学的原理和化工单元操作以去除水中的杂质。它的处理对象主要是废水中无机的或有机的（难以生物降解的）溶解物质或胶体物质，尤其适用于杂质浓度很高的废水（用作回收利用的方法）或是很低的废水（用作废水的深度处理）。常用的物理化学处理法有以下几种：

（1）吸附法

通过吸附剂与被吸附物质之间产生化学作用，形成化学键引起吸附而除去污染物质。常用的吸附剂有活性炭、沸石和腐植酸类吸附剂等。该法用于含汞废水、含油废水及印染厂废水的深度处理。

（2）离子交换法

离子交换的实质是不溶性离子化合物（离子交换剂）上的可交换离子与溶液中的其他同性离子的交换反应，是一种特殊的吸附过程，通常是可逆性化学吸附。在废水处理中，主要用于去除废水中的金属离子。如电镀含铬废水的处理及含汞废水的处理等。

（3）萃取法

利用废水中的杂质在水中和有机萃取剂中溶解度的不同，将杂质提取出来。例如,煤气厂、焦化厂中含酚浓度较高的废水处理,由于酚在有机溶剂中的溶解度远远高于其在水中的溶解度,选用适当的有机溶剂可从废水中把酚提取出来。

(4)膜析法

利用薄膜以分离水溶液中的某些物质。目前有渗析法、电渗析法、反渗透法和超过滤法、蒸发法等。

4.3.4 生物法

生物处理法是微生物在酶的催化作用下,利用微生物的新陈代谢功能,对污水中的污染物质进行分解和转化的一种污水净化方法,可大致分为两大类:利用好氧微生物作用的好氧法(好氧氧化法)和利用厌氧微生物作用的厌氧法(厌氧还原法)。好氧法广泛用于处理城市污水及有机性生产废水,有活性污泥法和生物膜法两种;厌氧法多用于处理高浓度有机废水与废水处理过程中产生的污泥,现在也开始用于处理城市污水与低浓度有机废水。

(1)活性污泥法

在污水处理中,活性污泥法占有重要位置。所谓"活性污泥",通常是指经过专门培训的好氧性微生物群体,其外形常为褐色的絮状泥粒,置于显微镜下观察活性污泥,可以见到大量的细菌、真菌、原生动物和后生动物,它们组成了一个特有的微生物生态系统,这些微生物(主要是细菌)以污水中的有机物为食料进行代谢和繁殖,因而降低了污水中有机物的含量。同时,活性污泥易于沉淀分离,使污水得到澄清。概括地讲,活性污泥就是由微生物与悬浮物质、胶体物质混杂在一起所形成的具有很强吸附分解有机物的能力和良好的沉降性能的絮状体颗粒。

活性污泥法是利用活性污泥与被处理污水进行混合,使微生物与污水中有机物在溶解氧浓度充足的环境下发生反应,从而使污水中的有机物污染得到去除。

活性污泥法处理系统主要由活性污泥反应器即曝气池、二沉池、污泥回流系统和曝气及空气扩散系统等组成，图 4-2 所示为活性污泥处理系统的基本流程。

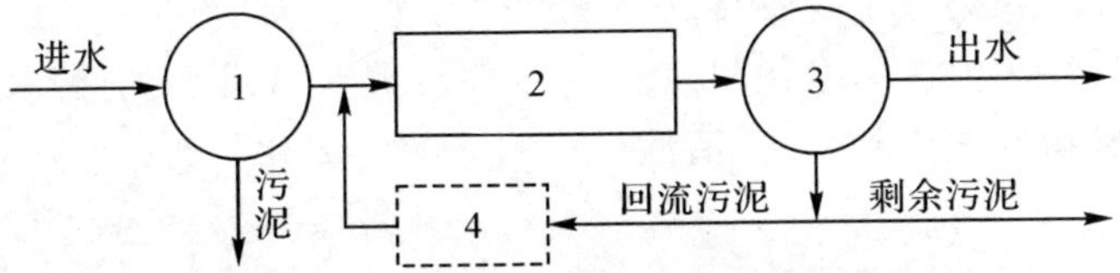

图 4-2　活性污泥法基本流程

来自初次沉淀池或其他预处理装置的污水从曝气池的一端进入，从二次沉淀池连续回流的活性污泥，与此同步进入曝气池；从空压机站送来的压缩空气，通过铺设在曝气池底部的空气扩散装置，以细小气泡的形式进入污水中，其作用除向污水充氧外，还使曝气池内的污水、活性污泥处于剧烈搅动的状态，形成混合液。活性污泥与污水互相混合，与污染物充分接触，使活性污泥反应得以正常进行。活性污泥反应进行的结果是，污水中有机污染物得到降解而被去除，活性污泥本身得以繁衍增长，污水则得以净化处理。经过活性污泥净化作用后的混合液，由曝气池的另一端流出并进入二次沉淀池，活性污泥通过沉淀与污水分离，澄清后的污水作为处理水排出系统。经过沉淀浓缩的污泥从沉淀池底部排出，其中一部分作为接种污泥回流曝气池，多余的一部分则作为剩余污泥排出系统。剩余污泥与在曝气池内增长的污泥在数量上应保持平衡，使曝气池内的污泥浓度相对地保持在一个较为恒定的范围内。

活性污泥法的主要去除对象是呈溶解态和胶体态的有机污染物。另外，还包括含氮化合物、含磷化合物等。参与净化的微生物，按照生理特性可分为四类：利用含碳有机物进行生长繁殖的好氧性异氧微生物(包括细菌、原生动物和后生动物);将氨氮氧化为亚硝酸盐、硝酸盐的好氧性自养菌;在缺氧条件下,进行硝酸性呼吸或亚硝酸性呼吸的异氧兼性厌氧菌(称为脱氮菌);厌氧和好氧交替条件下的异氧型聚磷菌。在活性污泥法中,应创造适宜的条件使上述四类微生物各自发挥最佳处理能力。

活性污泥法的净化机理包括活性污泥对有机物的吸附、被吸附有机物的氧化和同化、活性污泥絮体的沉淀和分离。

(2)生物膜法

生物膜法是使微生物附着在载体表面上,污水在流经载体表面的过程中,污水中的有机污染物作为营养物,为生物膜上的微生物吸附和转化,污水得到净化,微生物自身也得以繁衍增殖。迄今为止,属于生物膜处理法的工艺有生物滤池(普通生物滤池、高负荷生物滤池、塔式生物滤池)、生物转盘、生物接触氧化设备和生物流化床等。目前,生物膜法已不仅是一种好氧处理技术,还相继出现了厌氧滤池、厌氧生物流化床等,而且在反应器形式、膜的载体结构和材料种类等方面都有较大的发展。

①净化机理。污水的生物膜处理法是与活性污泥法并列的一种污水好氧生物处理技术,其实质是使细菌和真菌一类的微生物和原生动物、后生动物一类的微型动物附着在滤料或某些载体上生长繁育,并在其上形成膜状生物污泥——生物膜。污水与生物膜接触时,其中的有机污染物作为营养物质,为生物膜上的微生物所摄取,污水得到净化,微生物自身也得到繁衍增殖。图 4-3 所示是附着在生物滤池滤料上的生物膜的构造。

在生物膜内、外,生物膜与水层之间进行着多种物质的传递过程。空气中的氧溶解于流动的水层中,从那里通过附着水层传递给生物膜,供微生物用于呼吸;污水中的有机污染物则由流动水层传递给附着水层,然后进入生物膜,并通过细菌的代谢活动而被降解,使污水在其流动过程中逐步得到净化;微生物的代谢产物如

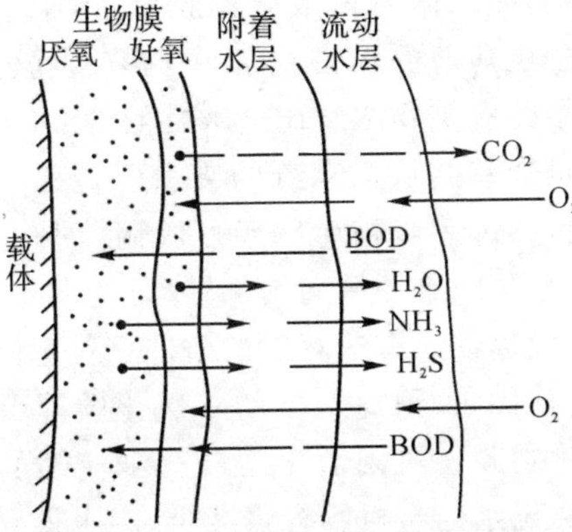

图 4-3 附着在生物滤池滤料上的生物膜的构造

H_2O 等则通过附着水层进入流动水层，并随其排走，而 CO_2 及厌氧层分解产物如 H_2S、NH_3 以及 CH_4 等气态代谢产物则从水层逸出进入气流中。在正常运行情况下，整个反应系统中的生物膜各个部分总是交替脱落的，系统内活性生物膜数量相对稳定，净化效果良好。

由于生物膜法与活性污泥法相比具有生物密度大、抗负荷冲击能力强、动力消耗低、不需要污泥回流、不存在污泥膨胀、运转管理容易等突出优点，在石油化工、印染、制革、造纸、食品、医药、农药、化纤等工业废水的处理中已得到广泛应用。

②生物膜处理法的主要特征。在污水处理构筑物内设置微生物生长聚集的载体（一般称填料），在充氧的条件下，微生物在填料表面附着形成生物膜，经过充氧的污水以一定的流速流过填料时，生物膜中的微生物吸收分解水中的有机物，使污水得到净化，同时微生物也得到增殖，生物膜随之增厚。当生物膜增长到一定厚度时，向生物膜内部扩散的氧受到限制，其表面仍是好氧状态，而内层则会呈缺氧甚至厌氧状态，并最终导致生物膜的脱落。随后，填料表面还会继续生长新的生物膜，周而复始，使污水得到净化。

微生物在填料表面附着形成生物膜后，由于生物膜的吸附作用，其表面存在一层薄薄的水层，水层中的有机物已经被生物膜氧化分解，故水层中的有机物浓度比进水要低得多，当废水从生物膜表面流过时，有机物就会从运动着的废水中转移到附着在生物膜表面的水层中去，并进一步被生物膜所吸附，同时，空气中的氧也经过废水而进入生物膜水层并向内部转移。

生物膜上的微生物在有溶解氧的条件下对有机物进行分解和机体本身进行新陈代谢，因此产生的二氧化碳等无机物又沿着相反的方向，即从生物膜经过附着水层转移到流动的废水中或空气中去。这样一来，出水的有机物含量减少，废水得到了净化。

(3)厌氧生物处理法

厌氧生物处理法又称甲烷发酵法(发酵降解、厌氧发酵)，是使有机物在无氧存在下，利用兼性菌和厌氧菌分解生成甲烷和二氧化碳等。适于处理高浓度有机污水。厌氧生物处理是一个复杂的生物化学过程，依靠三大主要类群的细菌，即水解产酸细菌、产氢产乙酸细菌和产甲烷细菌的联合作用完成。因此，可以将厌氧消化过程分为三个连续的阶段。

第一阶段为水解酸化阶段 复杂大分子、不溶性有机物先在细菌外酶的作用下水解为小分子、溶解性有机物，然后渗入细胞体内，分解产生挥发性有机酸、醇类、醛类等。这个阶段主要产生较高级脂肪酸。

第二阶段为产氢产乙酸阶段 在产氢产乙酸细菌的作用下，第一阶段产生的各种有机酸被分解转化成乙酸、H_2 和 CO_2。

第三阶段为产甲烷阶段 产甲烷细菌将乙酸、乙酸盐、H_2 和 CO_2 等转化成甲烷。

厌氧生物处理法的应用范围广，能耗低，负荷高，剩余污泥少，效果可达 80%～90%，费用少，甲烷可做燃料。但是，厌氧生微处理法在分解过程中产生硫化氢、磷化氢等毒气和硫离子，使水呈黑色并有恶臭味。

厌氧生物处理法的设备主要有普通污水消化池、厌氧接触工艺、厌氧生物滤池、升流式厌氧污泥床反应器、厌氧硫化床反应器等。

4.4　水处理其实并不神秘

废水中的污染物质是多种多样的，不能预期只用一种方法就可以把所有的污染物质都去除干净，但水处理其实并不神秘，因为不论对何种废水，都往往需要通过几种方法组成的处理系统，才能达到处理的要求。

按照不同的处理程度，废水处理系统可分一级处理、二级处理和深度处理等不同阶段。

一级处理只去除废水中呈悬浮状态的污染物，物理法中的大部分方法是用于进行一级处理的。废水经一级处理后，一般仍达不到排放要求的，需进行二级处理，因此对于二级处理来说，一级处理是预处理。

二级处理的主要任务是大幅度去除废水中呈胶体和溶解状态的有机污染物。生物处理法是最常用的二级处理方法，比较经济有效。通过二级处理，一般废水均能达到排放标准。但在处理后的废水中，还残存有微生物不能降解的有机物和氮、磷等无机盐，一般情况下，它们数量不多，对水体无大危害。深度处理是进一步去除废水中的悬浮物质、无机盐类及其他污染物质，以便达到工业用水或城市用水所要求的水质标准。

4.4.1　让我们一起走进自来水厂

由于水源不同，处理后的水质要求不同，水处理系统的组成和工艺流程多种多样。

以地下水作为水源时，由于水质较好，通常不需任何处理，只经消毒即可。当地下水含铁量或含氟量超过水质标准时，则应采取除铁或除氟的措施。

以地面水为水源的生活饮用水系统，处理工艺流程中通常包括混凝、沉淀或澄清、过滤及消毒。当原水浊度较低（一般在150mg/L以下）且水质变化不大时，可考虑省略混凝沉淀构筑物，原水在加药后直接经双层滤料接触滤池过滤；当原水浊度高、含沙量很大时（如黄河水），为了达到预期的处理效果，减少混凝剂用量，应增设预沉池或沉砂池。

4.4.2 污水处理厂并不是臭气熏天

污水处理厂是从污染源排出的污（废）水，因含污染物总量或浓度较高，达不到排放标准要求或不适应环境容量要求，从而降低水环境质量和功能目标时，必须经过人工强化处理的场所。污水处理工艺流程的选择受污水水质的影响较大，其流程是由各种常用或特殊的水处理方法优化组合而成的，包括各种物理法、化学法和生物法，要求技术先进、经济合理、费用最省。从处理深度上，污水处理厂可能是一级、二级、三级或深度处理工艺。污水处理厂包括各种不同的处理构筑物、附属建筑物、管道的平面和高程布置，并包括道路、绿化、管道综合、厂区给排水、污泥处置及处理系统管理自动化等，以保证污水处理厂达到处理效果稳定，满足设计要求，同时满足运行管理方便、技术先进、投资运行费用省等各种要求。

(1)选用的工艺流程

在选择城市污水处理厂处理工艺流程时，必须首先确定工业废水与生活污水是一并处理还是分别处理。通常的做法：除水量较大的重点污染企业采用独立的污水处理系统外，大多数分散的中小型企业的一般废水排入城市下水道，与生活污水一起送往城市污水处理厂统一处理；某些特殊工业废水，含有有毒有害物质时，则要求在厂内经过处理，达到规定的标准后方能排往污水处理厂。

污水处理流程的确定主要依据处理程度，而处理程度则主要取决于接受处理后污水的水体的自净能力或处理后的出路。处理程度确定后，再按各种不同处理方法的处理效率选定处理流程。

(2)选址

污水处理厂厂址的选择应结合城市或工厂的总体规划、地形、管网布置、环保要求等因素综合考虑，设计人员必须进行现场踏勘，进行多方案的技术经济比较。一般应考虑以下几个问题：

①在地形及地质条件方面有利于处理构筑物的平面与高程的布置和施工，并应考虑防洪，且地基好，地下水位低，岩石较少。

②少占和尽可能不占良田。

③考虑周围环境卫生条件，污水处理厂应布置在城镇给水水源的下游，距城镇或生活区300米以上，并考虑处理后的污水用于农田灌溉的可能性；应尽可能设在夏季主导风向下方，并要求与生活区有一定宽度的绿化隔离带。

④使管网的基建费用最省。污水处理厂如果是为几个流域或几个区服务，则厂址应结合管网布置进行优化设计，使总投资最省。

(3)污水处理厂的布置

污水处理厂的布置分为平面布置和高程布置。

①平面布置。由两部分组成：生产性构筑物(包括处理构筑物、泵房、风机房、加药间、消毒间、变电所等)和辅助建筑物(包括化验室、修理车间、仓库、车库、办公室、浴室、食堂、厕所等)。

当各构筑物的个数和面积确定后，根据工艺流程和功能要求，综合考虑生产管线、厂区内给排水、供暖、供电系统及道路、绿化等，并结合厂内地形和地质条件，进行平面布置，一般应考虑下列几点要求：

第一，布置紧凑，减少占地和连接管长度，并应考虑工人施工和操作运行的方便。

第二，各处理构筑物之间连接管渠简捷，应尽量避免立体交叉。

第三，充分利用地形，以节省挖、填土方工程量，使处理水或排放水能自流输送。

第四，考虑构筑物的放空超越，以便检修。最好做到自流放空，在污水处理厂内，如构筑物较深，可将放空管连接到提升泵房集水间内。

第五，考虑环境卫生及安全，氯库、锅炉应布置在主导风向下风向，化验室、办公室远离风机房、泵房、晒泥场，沼气罐、隔油室的储油罐与其他构筑物的间距要符合防爆、防火规定，较大的污水处理厂最好是将生产区与生活区隔离，以确保生产安全。

第六，考虑扩建的可能性，留适当的扩建余地。

第七，一种处理构筑物有多座池子时，要注意配水均匀性，为此在平面布置时构筑物应设置配水井。

第八，在适当位置上设置水、污泥和气体等的计量设备。

第九，厂内布置道路和停车场地，车行道路面宽为 3～4 米，转弯半径为 6 米，人行道宽为 1.5～2.0 米。

②污水处理厂高程布置。污水处理厂高程布置的目的：确定各处理构筑物和泵房标高，确定处理构筑物之间连接管渠的尺寸及其标高，计算确定各部位的水面标高，使水能按处理流程在处理构筑物之间靠重力自流，确定提升水泵扬程，以降低运行和维护管理费用。

各构筑物的相对高差确定后，只要选定了某一构筑物的绝对高程，系统中各构筑物绝对高程也就确定了。高程布置时应综合地形、地基、排水、放空等条件考虑，避免最低的构筑物埋深过大，最高的构筑物架高过高，并且力求使厂内土方平衡。污水处理厂一般以水体的最高水位作为起点，逆污水处理流程向上倒推计算，使处理后污(废)水在洪水季节也能自流排出。

(4)污水处理厂的设备

①配水设备。污水处理厂中同类型的处理构筑物一般都应建两座或两座以上,应尽可能使水在同类型构筑物中的分配均匀,否则,其中某个构筑物将超负荷,而另一构筑物又未能充分发挥其效能。为实现均匀配水,水处理构筑物应设置合适的配水设备。

②量水设备。流量计量对水厂的经济运行、优化调度、节能降耗、减少漏损等都有重要作用。污水处理厂内必须安装量水设备,计量水量,既是作为经济核算的根据,也是计算投药量、风量等的根据。对量水设备的要求是水头损失小,精度高,操作简便,在计量废水时还要求不易沉积。

(5)污水处理厂的运行方式

①对竣工后的水处理构筑物,应由运行管理单位组织有关人员认真而全面地依照施工验收规范进行验收。验收工作应包括土建工程方面的验收和安装工程方面的验收。

②验收工作结束后,即可进行水处理构筑物的试运行。试运行对采用生物处理法的污水处理厂是必不可少的阶段,主要工作有对某些设备的性能进行测定、驯化活性污泥(对活性污泥法)或进行所谓的"挂膜"工作(对生物膜法)。

在有条件时,最好能对污水处理厂的主要构筑物及其设备的性能进行测定。设备(如曝气叶轮、布气器等)的充氧能力或氧的利用率等的测定,是近年来各处理厂投产前常进行的测定项目。在单池试运行基础上,应进行全厂性联动试运行。

③必须认真做好污水处理厂的运行管理工作。污水处理厂的设计即使非常合理,若管理不善,也不能使其运行正常和充分发挥其净化功能。

(6)污水处理厂的水质监测

污水处理厂应尽量设置自动化仪器对水质与运行情况进行监测,特别是水中微量或超量污染物,往往只能借助于仪器分析才能获得精确结果。在城市污水处理中,鉴于城市污水中的工业废水往往占有较大的比例,且工业废水的成分相当复杂,因此,对水质的监测极为重要,监测参数视具体情况而定。常见的监测指标有水温、pH 值、溶解氧、COD、BOD 等。国外有一种水质综合监测设备,其指示、记录的内容有水温、pH 值、浊度、溶解氧、COD 等,水质出现异常时有报警装置发出信号,以便及时采取必要措施。

(7)污水处理厂的自动控制

对水处理厂的运行采用自动监测、自动记录、自动操作、调节及集中控制等技术措施,是提高技术管理水平的重要途径与发展方向。可采用电视设备对水泵机组等运动机械实行集中显示。

4.4.3 浙江省典型行业废水处理简介

(1)造纸废水的处理

造纸工艺过程分为制浆和造纸,两阶段都耗费大量的水。在我国,生产 1 吨纸约需水 100 吨,其中大部分作为废水排出。当前世界上造纸工业系投资大,能耗高,对环境污染严重的行业之一。其污染特点是废水排放量大,而且带色,生化需氧量高,废水中纤维悬浮物多,并有硫醇类恶臭气味。美国将造纸工业污染列为六大公害之一,其废水约占工业废水总量的 15%。日本造纸工业用水量占工业总水量的 60%,也列为五大公害之一。浙江省是造纸大省,根据《中国造纸工业 2009 年度报告》,浙江省纸及纸板产量达到 1372 万吨,占全国比重为 15.88%,位于山东省之后,列全国第二。

其中,制浆产生的废水污染最为严重。制浆可分为机械法、化学机械法和化学法三种。机械法不用化学药品，所以废水的回收率高，排水量少。化学机械法是用化学药品处理并经蒸煮、磨碎，废水含中性盐。化学制浆法有亚硫酸盐法和碱法。亚硫酸盐法又称酸法，主要以亚硫酸钙或亚硫酸镁为蒸煮药液制浆，洗浆时，排出大量的黑褐色废液，对环境危害很大。碱法中以石灰乳为蒸煮液，碱性弱，排出的污水有石灰渣、纤维，会污染水体；烧碱法是在高温下加氢氧化钠溶液蒸煮植物原料。硫酸盐法是在高温高压下加氢氧化钠和硫化钠为蒸煮液，两种制浆工艺排出的污水为黑褐色，称为黑液。我国则主要用硫酸盐制浆。

碱法造纸一般都排出以下3种废水：

①蒸煮木浆（或草浆）所生成的废液，色黑，俗称黑液。它含有大量烧碱和杂质，其中65%为有机物，BOD_5 浓度5000～40000mg/L，主要为纤维素、木素和半纤维素。此外，还有果胶、丹宁、树脂、蜡质、灰分等。黑液是造纸工业的主要污染源，排出去可造成水体变黑、发臭，危害极大。

②打浆机和精浆机排出的污水，也称打浆污垢水或中段污水，成分与黑液相似，但浓度比黑液低，含有悬浮物、BOD_5 和COD，污染比黑液轻。

③造纸机废水，也称白水。水量大，主要含纤维和填料、胶料等，色白，污染程度较轻。

制浆造纸废水成分很复杂，污染最严重。其组分不仅取决于纸浆的制作方法，也取决于所产品种和原料种类等多种因素。

多年来，国外造纸行业曾致力于废水中化学药品和纤维原料的回收与综合利用，这些工作较有效地减少了污染。在早期，从经济上考虑较多，而并非着重于污染的防治。20世纪60年代以后，各国才重视对环境的污染问题，采取的主要措施是：改进生产技术和加工工艺，以减少工艺过程产生的污染物，特别是有毒物质。提高化学药品、热能、纤维等的回收率。进行逆流选涤，封闭用水，回收回用废水，以减少污染排放量。这些方法是消除废水污染最重要、最积极的措施和根本途径，一般称之为“厂内处理”。可以消除污染于工艺过程之中或者化害为利，同时，创造新的物质财富。但是，完全无污染的制浆造纸工艺技术的发展还需要较长的时间。目前，“厂内处理”技术和效果还无法充分回用废水和消除污染物质，还需要作进一步的“厂外处理”。虽然要增加投资和生产成本，但却是解决废水污染的重要措施。

污水的厂内处理 在制浆造纸工艺过程中产生的蒸煮废水、打浆废水和造纸废水，将这些废水和其中的物质进行回收利用，既是一个环境保护问题，也是一个经济问题。对于黑液的提取与综合利用，应力求用最少的水或不用水，把黑液从蒸煮后的浆料中提取出来，可以采用真空洗浆机、压力洗浆机、螺旋压榨机等提取设备。采用多台真空洗浆机串联，可使黑液提取率达 99%。

从洗浆机提取出来的黑液，主要成分为碱和有机物，蒸发燃烧回收碱的流程适用于大中型木浆造纸厂，用此法可使回收率达 70%～80%。

但小型的以草料为原料的造纸厂黑液，浓度低，灰分含量高，蒸发过程中，易结垢，苛化效率也低，采用蒸发浓缩法回收是不适宜的。

造纸废水的厂外处理 造纸废水在厂内处理，仍不能满足排放要求，需经厂外处理后，才能排往环境中。一般采用简单的物理方法可以去除悬浮物，用中和法调整 pH，用生物化学法可以去除溶解的有机物。要求高度净化时，则再采取合适的物理化学方法进行处理。

(2)纺织印染废水的处理

浙江省纺织印染业发达，与江苏、广东、山东、福建四省的总产量占全国 92%以上。但浙江产品以中低档为主，除极少部分先进企业采用世界先进水平设备，行业总体的生产工艺装备水平不高，行业管理数字化、自动化比例很低，与国外先进国家相比，能耗为其3～5倍，水耗为其2倍，染化料用量为其1.2倍。

纺织印染工业废水随织物性质而异，也受所使用的染料及其他化学药剂的影响。印染工业的用水量大，每印染加工1吨纺织品耗水为100～200吨，其中80%～90%成为废水排出。

根据不同的印染物质或加工工序，可进行印染废水的分类。按印染物质分：棉布纺织印染废水、毛纺废水、化学纤维加工废水。按加工工序分：退浆废水、煮炼废水、漂白废水、丝光废水、染色废水、印花废水和染整废水等。

印染废水的处理，国内外多数采用传统的生化法处理，以除去废水中有机物，有些工厂在生化处理前或处理后还增加一级物化处理，少数工厂采用多级的处理。在美国，印染废水多数采用二级处理，即生化与物化结合，个别用三级，增加活性炭。日本与美国相似，但应用臭氧的报道也较多。英国是羊毛加工的传统国家，一般用不完全流程，仅将洗毛水用物化初步处理与其他染色废水合并排入城市污水处理厂。国内投入运行的生化处理设施，大部分是采用完全混合活性污泥法。接触氧化等生物膜法，近年来也逐步增加。

印染废水处理，应尽量采用重复使用和综合利用措施，与工艺改革和回收染料、浆料，节约用水、用碱等结合起来考虑。在国内印染废水处理中采用的完全混合式系统有加速暖气法和延时曝气法两种形式。废水量较大的采用延时曝气法较多，废水量较小的则以加速曝气法为主。

(3)制革及毛皮废水的处理

制革生产一般分为准备、鞣制、整理三个工序，废水主要是在准备和鞣制阶段，即在湿操作过程中排出的。准备工序有浸水、脱毛、剖层和水洗等，废水量占制革过程排放的总废水量65%左右。水质特点是COD和BOD高，BOD约占生产过程排出总量的

50%,混浊,臭味大,悬浮物多,采用硫化钠脱毛工艺的废水中还含有大量硫化物。鞣制工序主要有脱灰、鞣制(铬鞣或植鞣)、漂洗和染色等,废水量约占制革过程排放总废水量的35%。铬鞣废水呈灰蓝色,除含有三价铬外,还含有少量蛋白质和无机酸。植物鞣料主要是栲胶,植鞣废水为红棕色,呈酸性,丹宁酸含量很高,还含有大量木质素和其他有机化合物,色度高达4000～5000度。

制革工业废水水量大,加工1吨皮革排出30～60吨废水,加工1张猪皮排水0.3～0.5吨,加工1张牛皮排水0.5～1吨。制革工业废水处理包括改革生产工艺和采取去污措施两个方面。

①改革生产工艺。主要是采用无污染或少污染的新工艺和循环用水。如在准备工序,用酶脱毛工艺取代硫化钠脱毛工艺,消除了硫化物污染。在鞣制工序,用植鞣法,采用无液(或少液)快速鞣制,比旧的池鞣法,时间可缩短90%,栲胶可少用10%,基本无废液外排。用铬鞣法,以多种鞣剂结合,可节省红矾50%,同时减少含铬废水的排放量。此外采取循环利用废水,可以节约用水,减少废水,并可回收废水中的有用物质。如第二次浸水后的废水可作为第一次浸水,浸灰后的洗涤废水可作为配制新灰液用。这些废水回用措施可减少排水约1/3。从准备工序的含油废水中可回收脂肪酸。回收的皮渣等可用于生产药用蛋白胨、皮胶或工业明胶。铬鞣工序排出的含铬废水除去其中的悬浮杂质后,可以回用于浸酸或预鞣,也可以加碱生成氢氧化铬,再用板框压滤机进行分离,回收的铬渣再加酸还原成碱式硫酸铬,回用于生产。

②去污措施。制革废水可用格栅和均衡池、沉淀池等做初步处理,除去肉屑、落毛等漂浮杂质和悬浮物,然后输送到污水处理厂,和城市污水一起进行无害化处理。制革废水单独处理可采用废水的混凝处理法、废水生物处理法、废水臭氧氧化处理法等方法。混凝处理法使用硫酸铝、石灰或用高分子混凝剂等进行混凝沉淀,可去除悬浮物60%～90%,BOD50%～80%,色度70%～

90%。但混凝剂用量较多,污泥量可达处理水量的10%,而且污泥脱水性差,难以处置。生物处理可用塔式生物滤池、生物转盘、完全混合型曝气池等设施。用完全混合型曝气池延时曝气活性污泥法处理时,曝气18～20小时,BOD_5可去除90%以上,曝气池进水BOD_5为1000～1500mg/L,出水可减至100mg/L左右,可除去硫化物85%～98%,COD60%～80%,色度50%～90%。延时曝气池的BOD容积负荷为0.15～0.25kg/(m·d)。操作管理上须采取措施,消除泡沫和防止污泥膨胀。生物处理时,由于活性污泥和生物膜的吸附,以及在碱性条件下铬转化为氢氧化铬沉淀,因此可去除铬25%～90%。此外,臭氧氧化法用于处理植鞣废水和染色废水等的脱色、除臭、除酚也有很好的效果,同时还可降低BOD、COD和杀灭废水中的病原体。

处理制革废水所产生的污泥量较大,污泥含有机物量高,宜用沼气池进行厌氧消化处理,以制取沼气和获得高效肥料。

(4)电镀废水的处理

电镀行业是国民经济中不可缺少的部分,涉及国防、工业、生活等领域。浙江省电镀行业普遍存在行业污染重、区域布局乱、企业规模小、装备水平低、污染隐患多等问题,为优化电镀行业产业结构和区域布局,提升工艺装备、污染防治和清洁生产水平,浙江省政府先后出台了《浙江省重金属污染综合防治规划(2010—2015年)》和《浙江省电镀行业整治方案》。

电镀废水的来源一般为:①镀件清洗水;②废电镀液;③其他废水,包括冲刷车间地面水、刷洗极板洗水、通风设备冷凝水,以及由于镀槽渗漏或操作管理不当造成的“跑、冒、滴、漏”的各种槽液和排水;④设备冷却水,冷却水在使用过程中除温度升高以外,未受到污染。电镀废水的水质、水量与电镀生产的工艺条件、生产负荷、操作管理及用水方式等因素有关。电镀废水的水质复杂,成分不易控制,其中含有铬、镉、镍、铜、锌、金、银等重金属离子和氰化物等，有些属于致癌、致畸、致突变的剧毒物质。

电镀废水处理设备由调节池、加药箱、还原池、中和反应池、pH 调节池、絮凝池、斜管沉淀池、厢式压滤机、清水池、活性炭过滤器等组成，主要有以下几种方法：

①气浮法。气浮法是向水中通入空气，产生微小气泡，由于气泡与细小悬浮物之间黏附，形成浮选体，利用气泡的浮升作用，上浮到水面，形成泡沫或浮渣，从而使水中的悬浮物质得以分离。按照气泡产生方式的不同，可分为充气气浮、溶气气浮和电解气浮三类。

气浮法固液分离技术适应性强，可处理镀铬废水、含铬钝化废水以及混合废水。不仅可去除重金属氢氧化物，而且可以去除其他悬浮物、乳化油、表面活性剂等。气浮法用于处理镀铬废水的原理是：在酸性的条件下，硫酸亚铁和六价铬进行氧化还原反应，然后在碱性条件下产生絮凝体，在无数微细气泡作用下使絮凝体浮出水面，使水质变清。

②离子交换法。主要是利用离子交换树脂中的交换离子同电镀废水中的某些离子进行交换而将其除去，使废水得到净化的方法。

国内用离子交换技术处理电镀废水是从 20 世纪 60 年代开始进行试验研究的，到 70 年代末，因为迫切需要解决环境污染问题，这一技术得到了很大发展，当前已成为处理电镀废水和回收某些金属的有效手段之一，也是使某些镀种的电镀废水达到闭路循环的一个重要环节。但是采用离子交换法的投资费用很高，系统设计和操作管理较为复杂，一般的中小型企业难以适应，往往由于维修、管理等不善而达不到预期的效果，因此，在推广应用上受到了一定的限制。

当前，国内对含铬、含镍等电镀废水采用离子交换法处理较为普遍，在设计、运行和管理上已有较为成熟的经验。经处理后水能达到排放标准,且出水水质较好,一般能循环使用。树脂交换吸附饱和后的再生洗脱液经电镀工艺成分调整和净化后能回用于镀槽,基本实现闭路循环。另外,离子交换法也可用于处理含铜、含锌、含金等废水。

③电解法。是使废水中的有害物质通过电解过程在阳、阴两极上分别发生氧化和还原反应,转化成无害物质;或利用电极氧化和还原产物与废水中的有害物质发生化学反应,生成不溶于水的沉淀物,然后分离除去或通过电解反应回收金属。国内在20世纪60年代开始用电解法处理电镀含铬废水,70年代末对含银、铜等废水进行实验研究,回收银、铜等金属,取得了很好的效果。

电解法处理电镀废水一般用于中、小型厂,其主要特点是不需投加处理药剂,流程简单,操作方便,占生产场地少,同时由于回收的金属纯度高,用于回收贵重金属有很好的经济效益。但当处理水量较大时,电解法的耗电较大,消耗的铁极板量也较大,同时分离出来的污泥不易处置,所以较少采用。

④萃取法。萃取法是利用一种不溶于水而能溶解水中某种物质(称溶质或萃取物)的溶剂投加入废水中,使溶质充分溶解在溶剂内,从而从废水中分离除去或回收某种物质的方法。萃取操作过程包括混合、分离和回收三个主要工序。

(5)化工废水的处理

随着经济的高速发展,化工产品生产过程对环境的污染加剧,对人类健康的危害也日益普遍和严重,其中特别是精细化工产品(如制药、染料、日化等)生产过程中排出的有机物质,大多都是结构复杂、有毒有害和生物难以降解的物质。因此,化工废水处理的难度较大。浙江省化工行业存在污染物排放总量大、精细化工等领域“低、小、散”问题明显、部分地区恶臭污染严重、环境安全隐患大等突出问题。

化工废水的基本特征是:水质成分复杂,副产物多,反应原料常为溶剂类物质或环状结构的化合物，增加了废水的处理难度；废水中污染物含量高，这是由于原料反应不完全或生产中使用的大量溶剂介质进入废水体系所引起的；有毒有害物质多，精细化工废水中有许多有机污染物对微生物是有毒有害的，如卤素化合物、硝基化合物、具有杀菌作用的分散剂或表面活性剂等；生物难降解物质多，B/C 比低，可生化性差；废水色度高。

化工废水中的污染物质是多种多样的，所以往往不可能用一种处理单元就能够把所有的污染物质去除干净。一般一种废水往往需要通过由几种方法和几个处理单元组成的处理系统处理后，才能够达到排放要求。针对不同污染物质的特征，发展出了各种不同的化工废水处理方法，这些处理方法按其作用原理划分为四大类：物理处理法、化学处理法、物理化学法和生物处理法。

①物理处理法。包括过滤法、重力沉淀法和气浮法等。过滤法是以具有孔粒状粒料层截留水中杂质，主要是降低水中的悬浮物，在化工废水的过滤处理中，常用板框过滤机和微孔过滤机，微孔管由聚乙烯制成，孔径大小可以进行调节，调换较方便；重力沉淀法是利用水中悬浮颗粒的可沉淀性能，在重力场的作用下自然沉降，以达到固液分离的一种过程；气浮法是通过生成吸附微小气泡附裹携带悬浮颗粒而带出水面的方法。这三种物理方法工艺简单，管理方便，但不适用于可溶性废水成分的去除，具有很大的局限性。

②化学处理法。利用化学反应的作用以去除水中的有机物、无机物杂质。主要有化学混凝法、化学氧化法、电化学氧化法等。化学混凝法作用对象主要是水中微小悬浮物和胶体物质，通过投加化学药剂产生的凝聚和絮凝作用，使胶体脱稳形成沉淀而去除。混凝法不但可以去除废水中粒径为 $10^{-6}\sim10^{-3}$ 毫米的细小悬浮颗粒，而且还能去除色度、微生物以及有机物等。该方法受 pH 值、水温、水质、水量等变化影响大，对某些可溶性好的有机、无机物质去除率低；化学氧化法通常是以氧化剂对化工废水中的有机

污染物进行氧化去除的方法。废水经过化学氧化还原，可使废水中所含的有机和无机的有毒物质转变成无毒或毒性较小的物质，从而达到废水净化的目的。常用的有空气氧化、氯氧化和臭氧化法。空气氧化因其氧化能力弱，主要用于含还原性较强物质的废水处理，氯是普通使用的氧化剂，主要用在含酚、含氰等有机废水的处理上，用臭氧处理废水，氧化能力强，无二次污染。臭氧氧化法、氯氧化法的水处理效果好，但是能耗大，成本高，不适合处理水量大和浓度相对低的化工废水；电化学氧化法是在电解槽中，废水中的有机污染物在电极上由于发生氧化还原反应而去除，除废水中污染物在电解槽的阳极失去电子被氧化外，水中的 Cl^-、OH^- 等也可在阳极放电而生成氯和氧，从而间接地氧化破坏污染物。实际上，为了强化阳极的氧化作用，减少电解槽的内阻，往往在废水电解槽中加一些氯化钠，进行所谓的电氯化，NaCl 投加后在阳极可生成氯和次氯酸根，对水中的无机物和有机物也有较强的氧化作用。近年来，在电氧化和电还原方面发现了一些新型电极材料，取得了一定成效，但仍存在能耗大、成本高，及存在副反应等问题。

③物理化学法。常用于化工废水处理的物理化学法有离子交换法、萃取法、膜分离法和吸附法等。废水中经常含有某些细小的悬浮物及溶解静态有机物，为了进一步去除残存在水中的污染物，可以采用物理化学方法进行处理。离子交换法是一种借助于离子交换剂上离子和水中离子进行交换反应而除去废水有害离子态物质的方法，在水的软化、有机废水处理中有着广泛的应用。萃取法采用与水不互溶但能很好溶解污染物的萃取剂，使其与废水充分混合接触，利用污染物在水和溶剂中的溶解度或分配比的不同，达到分离、提取污染物和净化废水的目的。电渗析是在渗析法的基础上发展起来的一项废水处理工艺，它是在直流电场的作用下，利用阴、阳离子交换膜对溶液中阴、阳离子的选择透过性，而使溶液中的溶质与水分离的一种物理化学过程。反渗透是利用半渗透膜

进行分子过滤，来处理废水的一种方法，所以又称为膜分离技术，这种方法是利用“半渗透膜”的性质进行分离作用。这种膜可以使水通过，但不能使水中悬浮物及溶质通过，所以称为半渗透膜，利用它可以除去水中的溶解固体、大部分溶解性有机物和胶状物质。近年来，该方法开始受到人们的重视，应用范围也在不断扩大。这些方法只适用于某一类物质的分离，具有较强的选择性，且成本较高，容易造成二次污染。吸附法是利用多孔性固体物质作为吸附剂，以吸附剂的表面吸附废水中的有机污染物的方法，活性炭是一种非选择性的常用的水处理吸附材料。但是由于活性炭再生性能差，水处理费用高，因而难以广泛使用。

④生物处理法。是利用微生物的新陈代谢作用降解转化有机物的过程。随着化学工业的发展，污染物成分日渐复杂，废水中含有大量的有机污染物，如仅采用物理或化学的方法是很难达到治理的要求的。利用微生物的新陈代谢作用，可对废水中的有机污染物质进行转化与稳定，使其无害化。生化处理方法主要分为好氧处理和厌氧处理两大类型，好氧处理方法主要分为活性污泥法和生物膜法。活性污泥法是利用悬浮生长的微生物絮体处理废水的方法，这种生物絮体称为活性污泥，它由好氧微生物及其代谢的和吸附的有机物、无机物组成，具有降解废水中有机污染物的能力。生物膜法是通过废水同生物膜接触，生物膜吸附和氧化废水中的有机物。废水的厌氧生物处理是指在无分子氧的条件下通过厌氧微生物（或兼氧微生物）的作用，将废水中的有机物分解转化为甲烷和二氧化碳的过程，所以又称厌氧消化。厌氧生物处理实际上是一个复杂的生物化学过程。

用生化法处理废水具有运行成本低，操作管理简单的优点，但由于微生物对 pH 值、营养物质、温度等条件有一定要求，难以适应化工废水水质变化大、成分复杂、毒性高、难降解的特点，单纯用生化法治理化工废水难度大。

人类智慧——我们曾经保卫过的生命之源

第 5 章

5.1 国外污水处理案例借鉴

5.1.1 美国污水处理与回用

美国大陆位于北美洲南部，与位于其西北的阿拉斯加和太平洋中心的夏威夷群岛构成了完整的美国版图，总占地面积为937万平方千米，北邻加拿大，南接墨西哥，西部、东南部和东部分别在太平洋、墨西哥水系和大西洋的广阔水域环抱中，这也形成了美国的三大水系统。早在20世纪六七十年代，美国工业迅猛发展时期，曾导致近2/3的内陆水体受到严重污染。然而经过30多年的不懈努力，美国环境保护署不但在水污染治理方面取得了显著成效，而且在实践中不断总结经验，形成了如今相对完善的水管理体系。首先，提出"水区"的概念，美国是世界上采用污水再利用最早的国家之一，到20世纪末期，水领域的总体战略目标发生了调整，由单纯的水污染控制转变为全方位的水环境可持续发展。水区这一概念是为了实现修复国家水体的物理、化学和生物的自然完整性这个新目标而提出的。基于水区的管理方式是综合协调人与自然之间的关系，以保证经济发展和环境质量。这是一种将生态、经济、社会以及公众参与综合起来的新的管理模式。其次，在污水处理的技术路线上，由以往以达标排放为目的，针对某些污染物设计工艺流程的单项技术调整到以水的综合利用为目的，将现有技术进行综合、集成，以满足水资源化目标，即由传统意义上的"污水处理"转变为"水循环"，后者更加符合水在自然界中的大循环，处理后的水可用于工业、市政、农业及地面、地下等多种用途。

在美国,城市二级污水处理厂普遍升级换代,增加了三级处理工艺流程,三级处理后的水可用于市政绿化、高尔夫球场、洗车、污水处理厂内工艺用水等。经三级处理后的水,采用微滤膜过滤和反渗透膜处理,水质可达到饮用水标准,目前多用于补充作为饮用水水源的地面水或地下水。在美国的缺水地区,凡是有干河床可用的地方,都被充分利用作为深度处理场所,并将处理后的达标水回灌地下含水层储存,遇干旱时,从构建的“水银行”中调出所需的地下水以满足供水需求。针对城市污水的特殊性,采用集中处理与分散处理相结合的方法,实现了污水处理设施的装置化、小型化。

美国饮用水的质量也是相当高的,人们可以享受到当今世界上最为安全的饮用水供应。美国水污染治理政策在清洁和保护美国的水体,包括河流、湖泊、泉水、湿地、海洋、海岸和地下水等,保护鱼类及其他野生动物和植物的生存,满足人们娱乐和经济活动等的需求,保证人们享有洁净和安全的饮用水方面发挥重要的作用。美国水污染治理公共政策详细、全面、多样、灵活,重视公众参与、关注公平公正,这些都是具有启发和借鉴意义的。

5.1.2 德国的水污染控制

德国现有居民 8000 万人,其中包括 10%的外国居民。政府非常重视环境保护,凡是有利于环保的事业政府都给予扶持,并从各方面积极采取对策和措施。污染治理最主要的是污水处理。截至 1998 年底,德国在地下管道网络基础设施上的投入已经达到 1 万亿马克,建成地下污水管道干管全长达 40 万千米,另外还有 100 多万千米长的分支居家管道,管网覆盖率达 90%。全国共建有污水处理厂 10279 个,相当于平均每 8000 人就有一个污水处理厂,污水处理从业人员有 35000 人。德国工业和生活污水同时输送到污水处理厂进行处理。污水处理厂都按照需处理的工业污水量(工厂预处理达标后排放的废水)等同于所服务人口生活污水总量进行设计。工艺流程基本模式是格栅、除油、沉淀和生物曝气、再沉淀后排放。废渣、污泥则用来生产沼气。全国只有5%的地方没有污水处理厂,生活污水靠自然净化,但都有化粪池。

(1)德国污水处理政策和法规

德国在污水处理方面,国家有联邦法,各州又都有自己的有关法令,联邦法的权威性在各州的法令之上,但有一定的限度。联邦政府只制定水污染控制总的法律,各州政府负责细则补充和具体实施。《联邦水源法》颁发于1957年,并于1980年进行了修订。其中关于水污染控制和水资源保护的要点有任何人向水体或地下排放污水都须经政府许可,如果对公共环境具有危害,可以拒绝其排放;政府可在任何时候取消排放许可或提高对排放许可的要求;污水在排放前必须按公认的技术水平进行处理。联邦政府对公共区域和工厂的污水排放还发布了其他法规(如1976年的《污水排放法》等),这些法规必须在各州执行,必要时,由地方政府补充或提高这些要求;对水体造成影响及危及他人者,要负法律责任,并赔偿损害,这对有排放许可证者同样有效。

各州则根据自己的情况补充并完成联邦法的实施。各州的法令与联邦法在内容上不会有原则上的区别。如北莱茵威一斯特法伦州1979年通过,1983年修订的《水法》的要点:规定人们对污水处理负责;处理厂的设计、建造和运行必须由水管理部门批准;向水体排放污水的任何人和团体必须按规定定时检验水质(自检),检验结果必须按要求交管理部门,管理部门负责定期抽检(官检);水的管理部门可以对指定的地表水源的用途及水质要求做出规定等。

(2)莱茵河的治理

几十年以来,莱茵河曾被认为是欧洲污染最严重的一条河。

今天，在其沿岸各国的共同努力下，莱茵河已经基本恢复洁净，自1996年以来已经在莱茵河中发现了超过200只大马哈鱼(学名鲑鱼)，而大马哈鱼只有在水体环境良好的情况下才会出现。

作为欧洲最繁忙的水上交通要道，从巴塞尔附近的源头到位于荷兰的入海口，莱茵河流经了德国、列支敦士登、奥地利、法国和荷兰等国家，其河道航行距离达到了883千米。就是这样一条跨国性的河流，在为其流域国家和地区提供以上便利的同时，也接受着来自这些地区的污染。

1963年，首次治理莱茵河的草案协议在伯尔尼签署。同年，ICPR获得了其永久总部，首先是在卢森堡的Embourg，自1964年起定址于科布伦茨。自成立之日起，秘书处便一直致力于收集莱茵河的水质数据并起草各种治理方案。每个会员国的环境部长和官员会定期会聚在ICPR讨论该河流的污染处理问题。1976年，欧洲共同体(后来的欧盟)加入了ICPR，为ICPR提供了更多贷款并赋予了该组织更多的权力。调查结果显示，在沿河各国的共同努力下，1970—1974年莱茵河水质得到了一定的改善。1970—1990年间，沿岸国家共花费385亿美元建设了一系列污水处理厂，使莱茵河中的氧气含量稳步上升。随着氧气含量的上升，河流中的生物种类也逐渐增加。然而，一些生物学家指出，“这条河有自我恢复能力”，这句话显然是高估了莱茵河的自身净化能力。因为莱茵河中仍然含有大量的重金属，如汞、镉、锌，以及其他有害物质，其中包括多氯联苯(PCBs)、苯和atrasine(一种除草剂)。1976年，ICPR成员国签署了一项关于化学品危险排名公约，并将它们列入“黑色”或“灰色”清单，其中将镉、汞等列为危害最大的物质。在采取一系列的措施后，工厂在排放这些危险物质前会提前对它们进行处理。同年，沿岸国家还签署了一项协议，其主要内容是将莱茵河中的含盐量由500mg/L降低至200mg/L。然而，对莱茵河的污染并未就此停止。1986年11月，位于

Schweizerhalle 的山德士化工厂起火，消防队员用水来扑灭大火，而水在扑灭大火后夹杂着大量的杀虫剂和农药流入莱茵河，引发了一场生态灾难，导致附近地区沿岸居民的生活受到极大影响。该事件发生后，沿岸居民的环保意识大大提升，他们的代表也开始要求附近的工厂采取环保措施保护莱茵河。在一些灾难发生后，ICPR 便做出承诺：到 1995 年，要将莱茵河中的污染物质减少一半。当时许多专家认为这个目标并不现实，基本不可能达到，但 ICPR 的调查样本显示，从德国的 Bimmen-Lobith 镇到荷兰边界，莱茵河中汞的含量由 6 吨下降到 3.2 吨，镉的含量也从 9 吨下降到 5.9 吨，锌则从原来的 3600 吨下降到 1900 吨。ICPR 还表示要重建莱茵河的生态系统，使鲑鱼、梭鱼、鲈鱼、鳟鱼和其他鱼类能够再次在莱茵河中繁衍生息。通过实现这一目标，莱茵河中的水质得到了进一步的改善。自 1991 年以来，已有 100 多万尾鱼苗被放入莱茵河或其分支。但是鱼类的迁徙问题仍然没有得到解决，由于许多大坝的存在，鲑鱼仍然无法正常地进行迁徙繁衍。为了重新构建莱茵河完善的生态系统，许多大坝、发电站都愿意花费高昂的价钱修建更复杂的桥梁以及通道来保障鲑鱼的正常迁徙。这一系列的措施开展后，许多渔民都兴奋地发现莱茵河中的鱼类品种变得更加丰富了。

现今，莱茵河的污染问题也并非已经完全解决。在荷兰鹿特丹，20 世纪 70 年代以来许多工厂虽然都已经废弃，污染程度也正在下降，但一些旧的毒素仍然混杂在泥沙中，而这些毒素的消亡速度非常缓慢。目前，莱茵河最主要的污染源仍然是农业化肥，这些农业肥料也仍然会不可避免地随着降雨流入莱茵河。通过治理，莱茵河的样貌有了翻天覆地的变化，随着人们环保意识的增强，相信莱茵河的未来会更加美好。

5.1.3　日本的污水处理与再利用

日本位于亚洲大陆东边的太平洋上，国土面积约为 37.78 万平方千米，是主要由北海道、本州、四国、九州四岛组成的狭长岛国，山地面积约占国土面积的 76%。日本跨亚热带到亚寒带。受太平洋暖流影响，日本列岛的大部分地区雨水充足，年降雨量达 1700～1800 毫米，接近于世界平均年降水量 970 毫米的两倍。日本地形比较险峻，南北狭长，中部又有脊梁山脉，因而河流的长度较短，且坡降大，许多降雨后产生的水资源未被利用即流入大海，所能利用的水资源量为枯水年河川径流量的 60%～70%。从人均水资源占有量来看，全球平均为 7045 立方米，日本为 3300 立方米，尚不到全球平均水平的一半。

日本环境保护走的是典型的“先污染，后治理”的路子，为此日本曾经付出沉重的代价。从 1878 年前后的尾铜山矿毒事件到 20 世纪五六十年代经济高速发展引起的公害问题逐渐跨区域化并呈现出复杂化、长期化的特征，严重阻碍了经济的正常运行和可持续发展，因此引起的社会矛盾和冲突也日益突出和尖锐。例如，在经济损失方面，20 世纪 60—80 年代末仅水俣病造成的经济损失平均每年高达 126.3 亿日元，其中健康损害补偿占 61%，底泥污染造成的损害占 34%，渔业损失占 5%。人们认识到，虽然通过上诉，经济上可以得到某种程度的“补偿”，但对于失去的生命、健康和环境是不可逆且无法挽回的。“先污染，后治理”的代价是巨大的。

日本的污水回收再利用始于 1951 年。由于河流水质恶化，位于东京附近的 Mikawash-ima 造纸厂决定使用污水处理后的再生水。随后，由于附近工厂过量开采地下水，引起海水倒灌和地面下沉，使得当地地下水失去了可利用价值。由此，再生水的供应范围扩大到周围其他工厂。近几十年来，污水回收再利用已成熟地应用于大部分非饮用水和城市污水回用系统。通常有两种回用方案:一是污水处理和回收利用系统建设在一起,即处理和再利用设施以建筑物或小区为单位布置;二是大范围地建设再生水市内分类管道系统和双重管道系统(污水管道和再生水管道),以城市或地域为单位建立集中的公众污水处理站。有些地方利用体育场等有大面积屋顶的建筑物收集降雨,回用于农田灌溉和建筑物内部的盥洗室。截至1991年,已建成投产876个集中污水处理站,每年经二级污水处理厂排出的水约有110亿立方米,其出水主要用于工业、周围环境及河流补给、农业灌溉、市内非饮用水及厕所冲洗、季节性融雪水和流失。与干旱、半干旱地区将再生水用于农业和耕地灌溉相反,在日本,污水再利用的主体是各种非饮用水、厕所冲洗水等市内用水、工业用水、河水补给水和城市景观用水。

5.2 我国污水治理成果

5.2.1 太湖流域的综合治理

太湖流域内城镇密集,拥有大、中城市7个,城镇27个,城市化水平居全国之首。由于流域内经济发展迅速,特别是乡镇工业的崛起,导致大量工业废水排入水中。据统计,太湖上游及京杭大运河苏南段的西南地区目前各类废水排放量每年高达30多亿吨,大量的磷、氮元素随废水进入湖体。同时流域的城市密集导致大量的生活污水的排放,在污水处理设施建设严重滞后的情况下,也成为太湖的一大污染源。加上流域内化肥农药的大量使用、湖面的不规范开发利用等,造成太湖水污染日益严重的局面。

太湖流域水污染治理工作大致分为以下几个阶段:

(1)20世纪90年代初期治理

在20世纪90年代,我国开始了重点流域的治理工作。根据国家关于治理“三河”(淮河、海河和辽河)“三湖”(太湖、巢湖和滇池）和“环渤海”的要求，相关地区的省、市政府和工矿企业加快了水污染治理的进度，国家也给予资金和技术的支持，有效地改善了“三河”“三湖”和环渤海地区的水环境。

《太湖水污染防治“九五”计划及 2010 年规划》确定“九五”期间治理的重点为城镇污水处理。规划要求建设 96 个城镇污水处理项目，后因行政区划调整改为 54 个。截至 2000 年底，已完成或部分完成 29 个项目，建成规模日处理污水量 118.7 万立方米，其中，江苏 26 个，日处理污水量 75.2 万立方米；浙江 3 个，日处理污水量 43.5 万立方米。

（2）“十五”期间太湖水污染防治

《太湖水污染防治“十五”计划》增加了治理措施，加大了治理力度，共安排了 255 个项目。到 2005 年底，已完成项目 220 个，在建项目 35 个。其中，计划建成 93 座城镇污水处理厂，13 个城镇垃圾处置点；完成 87 个工业点源污染治理，4 个湖滨带及生态修复，7 个河湖清淤工程，14 个生态示范工程；进行 12 个饮用水源地保护；对 8 个特殊行业进行防治；完成 17 个环境管理能力建设项目。

（3）“十一五”期间太湖水污染防治

自 2007 年太湖水危机之后，江苏省无锡市全面推行“河长制”。各行政长官亲自挂帅，全权承包河流污染治理、水质目标等项工作。全面覆盖无锡行政区划的 79 个考核断面达标率从“河长制”实施之初的 53.2%上升至 2008 年 3 月的 71.1%。

同年，国家批复了江苏省在太湖流域开展以水污染物排污指标为主要内容的排污权有偿使用和交易试点。通过改革主要水污染物排放指标分配办法和排污权使用方式，建立排污权一级、二级市场和交易平台，逐步实现排污权从行政无偿取得转变为市场方式有偿使用。

(4)近期太湖水污染治理成效

自 2008 年 5 月国务院正式批复并付诸实施《太湖流域水环境综合治理总体方案》以来，经过各方共同努力，太湖治理初见成效，饮用水安全得到有效保障，水环境质量稳中趋好，基本实现了方案确定的近期治理目标。但是，太湖治理任重道远，随着地区经济社会的发展变化和治理工作的不断深入，太湖治理面临着一些亟待解决的新情况和新问题。为巩固治理成果，提升治理水平，2012 年 4 月，太湖流域水环境综合治理省部级联席会议第五次全体会议研究提出开展方案修编工作。发展改革委会同有关部门和地方组织技术力量，经过深入调查研究，编制形成了《太湖流域水环境综合治理总体方案(2013 年修编)》。

自国务院 2008 年批复《总体方案》以来，两省一市积极组织实施，截至 2012 年底，实际完成投资 960 亿元。

《总体方案》实施以来，污染物处理能力得到快速提升，流域污染物大幅削减，饮用水源地水质明显好转，富营养化程度减轻，流域水环境有所改善，城乡人居环境有了很大变化，太湖治理取得了明显的阶段成效，基本实现近期目标。

①湖泛防控和饮用水安全保障目标顺利实现。近年来，整个流域没有发生饮水安全事件，由于蓝藻暴发引起的饮用水安全问题已经得到控制，大面积蓝藻水华暴发的聚集程度明显减轻。实现了饮用水安全、太湖水体不发生大面积水质黑臭的“两个确保”目标。

②产业结构不断优化升级。两省一市大力推进产业结构的调整和升级，执行了严于全国其他地区的 13 个重点行业特别排放标准和造纸行业水污染物排放新标准。江苏省苏、锡、常三市分别确定以新能源、新材料、节能环保、电子信息、生物医药等为主的战略性新兴产业，2010 年苏锡常核心区新兴产业实现工业产值 1.44 万亿元。浙江省严格环境准入制度，2011 年杭嘉湖地区共累计关

停并转重污染企业82家，并确定112家企业实施强制性清洁生产审核。

③城镇污水处理体系基本形成。以江苏省为例，共形成633万吨/日的污水处理规模，配套管网建成12220公里，城镇污水处理厂平均运行负荷率为75%。提标改造工程每年削减COD1.09万吨、氨氮0.33万吨、总氮0.54万吨、总磷0.05万吨；新(扩)建工程每年削减COD28万吨、氨氮1.87万吨、总氮2.33万吨、总磷0.33万吨。浙江省太湖流域设区市污水处理率达到86.8%，上海市太湖治理区域城镇污水处理率达到90%。

④"引江济太"工程发挥积极作用。2007年以来，"引江济太"共调引长江水113.98亿立方米，入太湖52.98亿立方米，通过太浦闸向下游地区增加供水77.94亿立方米，不仅缓解了流域水资源紧张状况，也促进了水体流动，有效抑制了蓝藻暴发，有利于太湖水质改善。

⑤流域水环境质量明显改善。通过综合治理，特别是点源污染治理、船舶污染控制、退渔还湖和退垦还湖等，污染物大幅削减。与2005年相比，2010年太湖流域污染物COD、氨氮、总磷、总氮入河(湖)总量分别减少了25.86%、48.04%、24.14%、4.36%。

(5)远期治理目标

《总体方案修编》明确的治理时间为2013—2020年，其中近期到2015年，远期到2020年。《总体方案修编》在总结前一阶段太湖治理进展与成效的基础上，针对当前面临的总氮消减难度大、面源污染日益突出、结构性污染严重等新情况和新问题，明确了下一阶段太湖治理的目标、思路和重点领域，提出了13类任务，完善了政策、法规、科技、市场和监管等方面的保障措施。《总体方案修编》的实施，将深化太湖水环境综合治理工作，进一步巩固治理成果，提升治理水平，为全国湖泊水环境治理提供有益经验。

5.2.2 淮河治理零点行动

(1)零点行动概况

“50年代淘米洗菜,60年代洗衣灌溉,70年代水质变坏,80年代鱼虾绝代。”这段民谣唱出了淮河流域1.5亿儿女心中的隐痛。1994年淮河发生特大污染事故,当时形成污染带长达70公里,直接经济损失达上亿元。这个重大事故直接催生了我国第一部流域性法规——《淮河流域水污染防治暂行条例》,淮河流域一大批污染严重的小造纸厂、小制革厂、小化工厂等“十五小”企业被实施关、停,没有完成治理的污染企业被下达了最后期限。这是国家对淮河流域排污企业的第一次最后通牒,淮河治污的工作从此大范围展开。

零点行动是指1998年1月1日零点,国家有关部门设定的淮河水变清的最后期限。当时有关部门宣称:经过4年治理,淮河流域河南、安徽、江苏和山东四省的工业企业基本上全部实现了达标排放。“零点行动”是排污企业接到的第二次最后通牒。许多人对这场轰轰烈烈的治污运动印象极为深刻,零点行动过后,环保部门宣称经过检测,淮河水质达到Ⅲ类标准,基本符合环保要求——这个结论曾经让人欢欣鼓舞、心情澎湃。

(2)淮河水污染及治理状况

淮河为我国七大水系之一。淮河流域,人口密度居七大流域之首,其经济地位,尤其是农业经济地位对全国经济举足轻重。历史上,淮河流域自然灾害频繁。数十年来,淮河水系的污染问题又非常突出,其影响的经常性及危害的深远性尤甚于洪涝灾害。历经多年治理,直至1997年污染蔓延的势头才得到初步遏制。即便如此,治理的效果与目标之间仍有很大差距。

据1995年对全流域的监测结果,流域工业和城镇年排入淮河水系的废污水为 43 亿吨，占当年地表径流量的 7%（如以枯水年的径流量计，污径比高达 20%以上），远远超出水污染宏观控制指标 4%的限值。该年淮河三大污染物——化学耗氧物（COD_{Cr}）、氨氮和挥发酚排入水系的总量分别为 195.3 万吨、11.6 万吨和 1668 吨。化学耗氧物超标的河流长度，汛期为总河长的 49.9%，非汛期为 66.6%。其中劣Ⅴ类水（丧失任何使用价值的水质指标）的河流长度，汛期为总河长的 37.6%，非汛期为 47.5%；氨氮超标的河流长度，汛期、非汛期分别为总河长的 37.5%和 70.4%。其中，劣Ⅴ类水河长分别为 13.8%和 23%；挥发酚超标的河流长度，汛期、非汛期分别为 15.9%和 43.9%，其中劣Ⅴ类水河长分别为 2.7%和 9.8%。污染的严重程度可见一斑。

党和政府对淮河治理极为关注。1995 年 8 月，国务院颁布了《淮河流域水污染防治暂行条例》，并批准实施《淮河流域水污染防治规划及“九五”计划》，使淮河的污染治理走上了法制的轨道。在党中央、国务院的关怀和淮河流域水资源保护领导小组及四省人民政府的统一指挥下，经过流域四省人民的共同努力，淮河流域水污染防治第一线战役已取得明显成效。取缔了近 4000 家“十五类”污染严重的小企业；被点名的 1562 家工业污染源，实行停产治理或责令“关停并转”的共计 423 家，其余均实现了达标排放。流域纳污量明显降低，河道水质有所改善。然而，所取得的成果与目标值之间尚有很大差距。1998 年 1 月，为检验“零点行动”的成果，对全流域实施同步监测。结果，COD_{Cr}年排放量为 116.71 万吨（目标值为 89.02 万吨）；省界河段水质劣Ⅴ类的断面仍占监测总断面数的 59.3%，Ⅴ类水断面占 11.1%，Ⅳ类水断面占 18.5%，符合或好于Ⅲ类的水断面只占 11.1%（目标值要求 2000 年淮河干流水质达到Ⅲ类，支流水质达到Ⅳ类），污染形势仍较严峻。

(3)淮河 10 年治污之后

2004 年 7 月，环保总局紧急发出防止淮河发生重大污染事故的通知，并对沿淮四省的工业企业第三次发出达标排放限令。一个让人震惊而不愿意相信的消息传来：淮河流域再次发生与10年前极为相似的污染险情。一个至少有1亿立方米的庞大污水源，一边膨胀一边往淮河干流奔涌而来，污水所到之处，湖内鱼虾与沿岸水草无一生还。经过检测，淮河60%的河段水质严重超标。淮河似乎又回到10年前的污染水平。震惊之余，人们禁不住怀疑：长达10年的治理时间，中央直接投入近200亿元加上地方配套资金——共高达600亿元的治理资金，虽然取得阶段性成果，但是淮河目前仍然在遭受着污染的危害。淮河10年治污，为何又回到了原点？

过去治污的着眼点多在对点源的排污监控，采取的是“关停并转”等行政手段，治理基本上是单纯的水系整治，未能以整个流域为淮河水污染的治理对象，加上对城镇生活污水治理滞后(当时建成使用的污水处理厂只有枣庄、徐州两家)，忽视了面污染源的危害性，因而治理与期待之间难以一致。众所周知，流域是河流(水系)的集水区域，河流由集水区域获取水量补给。近年来，河流出现的环境问题引起人们对流域整治的关注，流域生态学应运而生。流域生态学将流域视为一个生态系统，研究这一系统的结构、功能及它们间的相关性；探索系统内，特别是陆地、岸边交错带、水体三个子系统间的能流、物流和信息流的规律。淮河流域就是一个多种组分相互作用、相互制约的生态系统。流域治理如果能强化生态系统的功能，发展系统的各组分间的协同作用，增强系统的再生能力和自我净化功能，使系统的能流、物流向有利于人类的发展方向和速度运行，则可以促进对淮河水污染治理的进程。可惜，迄今为止，淮河治理未曾开展流域生态学的研究。

5.2.3 北京奥运会场馆和奥林匹克森林公园——“绿色”与“科技”的完美结合

北京奥运会的成功举办，使世界更多、更全面地了解了北京，奥委会主席罗格用“无与伦比”来盛赞北京奥运会的成功举办。其中,奥运会场馆的完美设计更是令世人惊叹。

为保证奥运会期间场馆和景观用水同时实现环保节水,我国利用先进的水处理技术实现了“绿色奥运”和“科技奥运”的完美结合。

以“鸟巢”为例,它的周边有百余株常绿乔木、数千株落叶乔木和灌木、近8万平方米的草坪时常需要灌溉维护。在北京这样一个人均水资源占有量不足300立方米的水资源稀缺的城市,既要为这些绿色植物“解渴”,实现和谐生态,又要兼顾水资源节约,这使奥运主会场的设计面临着前所未有的挑战。

“鸟巢”背后的雨洪综合利用系统从根本上解决了这一难题。“鸟巢”的雨水收集设施等能留住雨洪,如果遇到比赛下雨,硕大的“鸟巢”将用“雨水斗”接水。在“鸟巢”钢结构屋顶密布的网格中,有钢制的天沟,“雨水斗”便暗藏其中。这些雨水斗具有足够的虹吸力,可以完全消除顶部旋涡,而且还带有加热部件,可以在冬季融化雨水斗周边的积雪,再顺利将水排出。系统借助计算机系统监测和控制雨水收集、处理及供水的各个环节,从而对雨水资源进行有效地收集、净化和回用。

“水立方”屋顶的水,则是通过收集、初期弃流、调蓄、消毒处理等过程再回用。根据雨水季节变化的特点,雨水处理后回用于景观补水及冷却塔补水。据测算,每年“水立方”屋面雨水收集面积约为2.9万平方米,可提供10475立方米的雨水资源。

此外,国家体育馆的集散广场铺装采用渗水地面材料,使大部分雨水能渗透到地下,屋面上的雨水也可以进行收集,经处理后可用于冲厕、浇灌绿化、冲洗道路等。其中,奥林匹克森林公园曲棍球、射箭场、网球中心不仅使用清河再生水厂和正在建设的北小河再生水厂提供的再生水,而且自建了污水处理站,实现了水资源的循环利用。

奥林匹克森林公园作为奥运会期间的又一景观，奥运会后预计每年接待游客530万人次，如何实现这530万人次的污水零排放意义重大。公园的特点决定了废弃物的组成——垃圾和废水。奥林匹克森林公园实施的生态卫生系统变垃圾和废水为资源，成功地解决了这个问题。

奥林匹克森林公园有目前世界上规模最大、最为引人注目的污染源处理系统——“源分离”系统。早在1994年瑞典科学家就已经提出“源分离”的概念，如果粪和尿混合到一起以后就很难处理，“源分离”就是在源头上使它们各走各的路，各回各家，以一种原生态的方式实现源分离。基于粪尿中90%的氮和60%的磷存在于尿液中，通过源分离技术将尿液单独收集，一方面，厕所废水中氮磷含量显著降低，加上后续的适宜处理，可实现排放总量要求；另一方面，尿液是珍贵的资源，将尿液储存和稳定化处理后，用于灌溉植被和林区，不仅达到资源的再利用，也为人造林的尽快增长实现环境经济效益。

作为森林公园，公园种植了50万棵小树苗，将成为北京的绿肺。分离出来的尿液富含氮磷及微量元素，经过稳定化处理后，用于公园林区的施肥，一方面解决了营养盐的排放减量，另一方面实现了尿液资源化利用。

“源分离”技术解决的是思维和理念问题，它使排泄物直接变成了可利用资源，是对常规排污手段的一场革命，在中国乃至世界的发展空间巨大。奥林匹克森林公园中的源分离便器将粪尿或尿与其他排水分离，采用两级冲厕(大、小便)可根据其具体应用条件采用不同冲水量的设置：小便冲水量为0.1～0.3升，大便冲水量为3～5升，尽量将冲厕水减到最小，同时保证最大的舒适度。

湿地处理系统是奥林匹克森林公园除“源分离”技术之外的又一特色。众所周知，原始森林有地球之肺的美誉，而湿地则是地球之肾。和人的肾一样，湿地可以很好地净化大气、河流和一些难以净化的污染。湿地还是重要的动植物家园，对维护生物多样性有着不可小看的作用，是一种重要的资源。

奥林匹克森林公园有约 6.5 万平方米的人工湿地。公园的人造湿地，分为功能性湿地和景观性湿地。功能性湿地将从北京市清河再生水厂引来的中水进行处理，处理后的中水除满足公园用水外，剩余部分的水则回补到奥林匹克森林公园的湖泊中；景观性湿地则栽植了大量荷花等观赏性较强的水生植物。公园的湿地处理系统清洁了大量的污水，美化了公园环境，为可持续发展奠定了良好的基础。

5.3　浙江省污水治理成果

5.3.1　北仑"三种模式"治理农村生活污水

(1)治理情况

北仑区农村生活污水治理工作始于 2006 年，在推进新农村建设中，提出了农村生活污水处理、雨污分流作为新农村示范村创建的一项前置条件，拉开了北仑区农村生活污水治理的序幕。

当时结合新农村建设，在大碶排门村、小港鲍家洋村试点基础上，于 2007 年在全区逐步推广，由当地街道乡镇或村组织实施，资金主要由区新农办和当地街道乡镇承担，各村负担小部分。目前有大碶、小港、霞浦、柴桥、白峰、春晓 6 个街道乡镇共 20 个村实施了农村生活污水治理，共建设污水生态处理池 55 个，实际投入工程资金 1550 万元左右，污水纳管 3570 户(接入率 50%左右)，受益群众 8960 人，在宁波市处于领先地位。已治理的农村生活污水处理主要有三种模式：一是以生态绿地处理为主，由德立公司负责对污水池进行氧化等处理，排门、湖芳等大部分村应用该模式；二是采用三格式分散处理，如和鸽、门浦、河头等村；三是直接纳管处理，如朱田村。生活污水进行治理后，原有的地上明沟变成地下暗沟，村里总体环境卫生整洁状况有了明显好转，这是值得肯定的。但同时在污水治理中，大部分村家家户户的化粪池由于改造难度大，仍旧以漏底式为主，还有大部分村受地质等影响，污水渗漏很多，造成污水处理池出水量稀少，治理效果不理想。

(2)治理成果案例

在北仑区大碶街道共同村，家家户户屋外都有一根根白色的塑胶管，褐红色的小牌子上标注着"雨水管""厨房间污水管""卫生间污水管"等字样。

这是北仑区农村生活污水的接户收集管。日常的生活污水通过埋设的地下管道进入村里的生态处理池后，经过调节、厌氧、好氧、微动力等一系列工艺后再排出。

同时，终端处理池上还配建有人工湿地，种植的主要是水生美人蕉、矮蒲苇、菖蒲等植物，其生命力强，能进一步吸收降解污水中的氮、磷等物质。

这样的终端处理池在北仑区共有 28 个，主要集中在偏远山区村庄。所有村民家都能免费接入污水处理系统，考虑到部分村民今后旧房新建，村里还预留了部分接管口。所有地下管道全部采用了玻璃钢，而不是砖砌或水泥管，据了解，这是为了防止污水渗到土地中，造成二次污染。

过去三年，北仑区投资 20 多亿元的治水资金，在 94 个行政村完成了农村生活污水处理设施的建设，覆盖率达到 64%。建设过程中结合村庄区位、地形地貌等采取了三种模式，避免了"一刀切"。

此外，北仑关停了全区 328 家散居农村的畜禽养殖场中的 321 家，仅保留了 7 家。目前，已基本消灭垃圾河、黑臭河和劣Ⅴ类水。

5.3.2 “811”整治见成效

从2004年开始，浙江省人民政府在全省开展以八大水系和11个省级环境保护重点监管区为重点的环境污染整治行动（简称“811”环境污水整治行动），此项工作作为生态省建设的基础工作和重要内容。

其中八大水系自北向南为苕溪、京杭运河（浙江段）、钱塘江、甬江、椒江、瓯江、飞云江和鳌江；11个省级环境保护重点监管区包括椒江外沙、岩头化工医药基地，黄岩化工医药基地，临海水洋化工医药基地，上虞精细化工园区，东阳南江流域化工企业，新昌江流域新昌嵊州段，衢州沈家工业园区化工企业，萧山东片印染、染化工业，平阳水头制革基地，温州市电镀工业，长兴蓄电池工业。

“811”环境污染整治行动的总体目标是：到2007年底，努力使全省环境污染趋势基本得到控制，突出的环境问题基本得到解决，在全国率先建成县及县级以上城市污水、生活垃圾集中处理设施，率先建成环境质量和重点污染源自动监控网络，环境污染防治能力明显增强，环境质量有所改善。八大水系、主要湖库、河网等水体水质达标率达到60%以上；全省地表水交界断面环境功能区水质达标率60%以上（其中，钱塘江流域交界断面环境功能区水质达标率70%以上）；城乡集中式饮用水源地水质达标率达到85%以上；工业水污染源达标率90%以上；县以上城市污水处理率58%以上，处理达标率80%以上；规模化畜禽养殖场污染治理率达到85%以上。

省政府将“811”环境污染整治的主要工作任务列入省政府直属单位目标责任制考核的一、二类工作目标，先后召开钱塘江流域水污染防治工作座谈会、环保基础设施建设工作会议、农业农村污染防治现场会、重点环保监管区整治现场会，不断加大污染整治力度，整治行动初战告捷。一是重点流域、区域、行业、企业的环境污染整治工作全面开展。省政府把钱塘江流域污染整治作为“811”整治的重中之重来抓，出台了《关于进一步加强钱塘江流域污染整治工作的通知》，钱塘江流域按照“污染整治目标要高于其他流域、整治要求要严于其他流域、整治进度要快于其他流域、整治效果要好于其他流域”要求开展工作，流域污染物排放超标企业的限期治理工作基本完成，污染控制初见成效。2005 年钱塘江水系地表水主要交界断面水质达标率为 57.2%，高于全省平均值。11 个省级环保重点监管区都制订了整治规划或实施方案，污染整治取得明显成效：临海市水洋医化行业实现“摘帽”；长兴县蓄电池工业整治基本通过“摘帽”验收；萧山东片印染、染化行业，富阳造纸行业，建德化工行业，温州电镀行业，全省水泥机立窑等的专项整治工作均已完成当年治理任务。重点污染源的环境管理工作进一步强化，对超标排放企业全面下达限期治理任务，大批企业实行关、停、并、转、迁。累计有 307 家企业完成清洁生产审核，安装污染源在线监测装置 600 多套。

二是水质和空气质量自动监测站建设任务全部完成。建成 32 个水质自动监测站、35 个空气质量自动监测站，同时加快了环境监控网络信息管理系统建设速度。

三是城乡环境基础设施建设力度加大，至 2005 年底，列入“811”计划的 27 个污水处理项目，已有 14 个主体工程开工建设；新建乡镇生活垃圾中转站 169 个，20 余个市、县垃圾处理基本实现城乡一体化。

5.3.3 杭嘉湖地区水污染综合防治

(1)杭嘉湖地区水污染状况

杭嘉湖地区位于太湖流域南部，西靠天目山，东接黄浦江，北滨太湖，南濒钱塘江杭州湾，总面积约 12304 平方千米，占太湖流域总面积的 30%。杭嘉湖地区以东苕溪导流港东大堤为界，以东称杭嘉湖东部平原,面积共6481平方千米;以西称西部山区(含长兴平原),面积5823平方千米。

受地势制约,杭嘉湖地区水流自然流向由西南向东北流入太湖和黄浦江。全区大体上分成三大水系:运河水系、苕溪(东、西苕溪)水系、长兴平原水系。

2005年杭州、嘉兴和湖州三市环保部门的实测监测数据,从京杭运河、东苕溪、西苕溪,以及环湖河道和南排河道的44个水质监测断面的高锰酸盐指数(COD_{Mn})、氨氮(NH_3-N)、总磷(TP)和总氮(TN)四项指标数据来看,杭嘉湖地区水质总体属于Ⅴ类和劣Ⅴ类,超标项目主要为NH_3-N,此外,杭嘉湖河网TN浓度普遍较高,参照湖库标准,TN指标为劣Ⅴ类。

(2)杭嘉湖地区水污染防治措施

浙江省委、省政府对杭嘉湖地区水环境综合治理高度重视,连续召开省委常委会、省政府常务会议、工作会议,研究和部署水污染防治工作,强调要认真贯彻国务院领导重要批示精神和国务院在无锡召开的太湖流域水污染防治工作座谈会精神,落实水环境综合治理的各项措施。按照浙江省委、省政府要求,我省有关部门在配合国家发改委编制完成《太湖治理方案》的同时,编制完成了《浙江省太湖流域水环境综合治理实施方案》。2008年11月,浙江省政府常务会议通过了《实施方案》。

为加大杭嘉湖地区水环境的整治力度,抑制杭嘉湖平原区域整体水环境的恶化趋势,水利部门结合太湖流域综合治理工程,开展“引江济太”调度试验,同时配套开展了杭嘉湖南排工程调水试验。该项目旨在充分利用现有杭嘉湖南排工程设施,扩展现有水利工程功能,积极探索调活水体的措施和方法,通过群闸调度、引水换水等措施,努力实现“沟通水系、调活水体、营造水景、改善生态”的目标。

《实施方案》提出了改善浙江省太湖流域水环境的五项重点水

利工程：平湖塘延伸拓浚工程、太嘉河工程、环湖河道整治工程、扩大杭嘉湖南排工程和苕溪清水入湖工程。

①杭嘉湖南排工程调水试验。杭嘉湖地区分别在2005年2月16日至3月6日和2007年10月18日至12月15日先后两次进行南排调水试验，调水后在河网干流的31个监测断面中，高锰酸盐指数符合Ⅲ类水体的监测断面增加了12个，增幅达38.7%；河网中氨氮浓度较高，但通过调水试验，劣Ⅴ类水体监测断面减少了4个，降幅达13.0%；总磷符合Ⅲ类水体的监测断面增加了9个，增幅达29.0%。总的来看，通过南排调水试验，杭嘉湖地区河网水质改善效果较为明显。

②环湖河道整治工程。环湖河道整治工程主要整治杭嘉湖东部平原5条入湖楼港中的大钱港、罗溇港和濮溇港，同时配套建设罗溇泵站。

项目建设规模为整治河道全长38.65千米，新建沿河两岸堤防及护岸74.04千米，处理跨河桥梁33座，改造涵闸、泵站14座，新建工程专用水文站2座等，总投资约为14.59亿元人民币，建设地址位于浙江省湖州市，计划于2016建成。

③太嘉河工程。太嘉河工程主要整治杭嘉湖东部平原的两条主要入湖骨干河道——幻溇、汤溇，同时配套建设幻溇双向引排水泵站工程。

该工程涉及河道全长53.69千米，其中拓浚整治42.98千米，新开挖河道2.65千米，利用老河道8.06千米；新建沿河两岸堤防88.32千米，其中设防标准50年一遇堤防12.54千米，设防标准20年一遇堤防75.78千米；新建护岸工程91.56千米；新建、改建跨河桥梁工程46座，改造涵闸、泵站等9座。新建2个专用水文站以及5个水质监测断面和2个巡测基点站。

工程的实施，可加快南太湖水体交换，完善太湖流域调水引排，进一步沟通太湖与杭嘉湖东部平原河网的水力联系，并配合其他相关治理工程，加快太湖和杭嘉湖东部平原河网水体的有序流动，改善太湖和杭嘉湖东部平原河网的水环境状况。

④平湖塘延伸拓浚工程。平湖塘延伸拓浚工程位于嘉兴市，工程始于嘉兴市西郊古运河，经南郊河、平湖塘、北市河、上海塘、东市河、独山干河等至独山闸，总长77.48千米。平湖塘延伸拓浚工程将完善太湖流域引排总体格局，新增杭州湾排水通道。工程可促进太湖流域特别是杭嘉湖东部平原河网水体的有序流动，改善杭嘉湖东部平原的水环境；并能实现防洪规划和水资源综合规划所确定的任务，提高杭嘉湖地区的防洪排涝和水资源配置能力，对保证该地区的防洪排涝及供水安全具有重要作用，还兼有航运效益。

⑤扩大杭嘉湖南排工程。扩大杭嘉湖南排工程建设任务是增加太湖流域水环境容量，促进杭嘉湖东部平原河网水体流动，提高向杭州湾排水能力，改善流域和杭嘉湖东部平原水环境；提高流域和区域防洪排涝和水资源配置能力，兼顾航运等综合利用。

⑥苕溪清水入湖工程。苕溪清水入湖河道整治工程位于浙江省杭嘉湖平原西部，行政上分属杭州市余杭区和湖州市的德清县、长兴县、安吉县、湖州市区，由西苕溪、东苕溪、长兴港和杨家浦港等河道的水环境改善工程和河道整治工程组成，涉及河道总长208.2千米（包括德清县、长兴县和安吉县的险工段应急加固工程）。

水环境改善工程包括：河道整治工程占地范围内搬迁污水直排入河的沿河居民1.34万人，搬迁关停沿河污染企业127家，以及清淤河道48.4千米和水生态修复2.91平方千米。

5.3.4 杭州西湖水质20年变迁及污染防治

(1)杭州西湖水质20年变迁

西湖南北长3.3千米，东西宽2.8千米，湖岸线约15千米，全湖水面面积为5.66平方千米，海拔高度7.15米，平均水深2.15米，湖中由白堤和苏堤将全湖分割成五个湖区，各区湖水通过桥洞相互连通。西湖流域面积27.25平方千米，主要有金沙涧、龙泓涧、长桥溪等溪流汇入，湖水主要靠流域雨水和钱塘江引水补给，由人工控制的圣塘闸排泄，一年中水位变化不大，湖水滞留时间约为半年，更新缓慢，营养物质在湖内滞留时间长。西湖流域地面总趋势西高东低，流域内多数为山林，有少数茶园和农田，林木覆盖率70%以上。

20年来，西湖水质透明度、DO、COD_{Mn}、BOD_5、总氮、总磷、叶绿素a各项指标变化范围不大。20世纪80年代后，西湖大部分湖区浮游植物群落类型属富营养蓝藻（丝状蓝藻）型，群落结构未发生根本变化。以代表性较强，占西湖总面积77.3%的主体湖区（外湖心）为例，80年代蓝藻占总量的81.4%，绿藻占12.8%，硅藻占4.6%；90年代起，蓝藻仍占总量的80%左右，但是，硅藻数量超过了绿藻，硅藻比例明显上升，成为西湖浮游植物的第二大类群，浮游植物群落结构由80年代的“蓝藻—绿藻—硅藻型”演变为目前的“蓝藻—硅藻—绿藻型”。

浮游植物优势种以小型蓝藻代替了较大型的蓝藻，而且数量大幅度增加，浮游植物密度从1980年的691.0×10^5个/L上升到2000年的1551.0×10^5个/L，增长了124%。西湖主体湖区1980年浮游植物密度为562.5×10^5个/L，1989年为1253.2×10^5个/L，2000年为1880.8×10^5个/L，呈明显上升趋势。20世纪80年代，全湖藻量的高峰期出现在春、秋两季，1995年以来高峰期出现在夏、秋两季。

西湖水质评价采用GB 3838-2002《地面水环境质量标准》，以单项指标评价水质，1997年以前，西湖水质以Ⅴ类为主，1998年以后均为Ⅳ类，水质有所好转。但均不能满足西湖作为重点风景游览区的水质要求（Ⅲ类）。

采用综合营养状态指数法评价水质，十多年来，西湖水体的富营养化水平一直居高不下，综合营养状态指数年均值徘徊于65左右，一直处于中度富营养状态。

(2)杭州西湖水污染防治措施

①搬迁工业污染源。1980—1998年，耗资3000余万元搬迁了沿湖的16家工业企业。

②消除烟尘。治理改造环湖燃煤炉灶650台，燃煤炉灶都改为燃气或燃油，实现了西湖周围无黑烟区。

③污水截流。西湖流域内共有水污染源(宾馆、医院、疗养院及农户居民点等)161个。生活污水排放达357万 m^3/a。1978—1980年，进行了环湖污水截流。埋设了污水干管9583米，建造泵站9座，截污水量260万 m^3/a，占总数的72.7%。宾馆、疗养院等较大单位集中排放的污水均已纳入截污干管。

④整修湖岸。20世纪50年代初，湖岸石坎杂乱不齐，破损严重，标高也很低。自1953年起，对累计30000米湖岸多次进行了整修、砌坎。湖岸经整修后，环湖及湖中各岛风景面貌整洁美观，又大大减少了地面污水直接排入湖内，还提高了西湖蓄水量和抗洪能力，可抵御十年一遇的洪水。但是，经过砌坎后的湖岸几乎丧失了全部的岸边湿地。

⑤改造西湖游船。1979—1989年，西湖游船陆续淘汰了柴油机木船，全部更换为玻璃钢电瓶船。目前西湖内共有各类船(艇)500余艘(只)，其中有手划船200余只，消除了游船的油污染。

⑥绿化造林。经多年来的努力，环湖流域绿化覆盖率达70%以上，新辟的圣塘景区、少年宫广场、曲院风荷、望湖楼、镜湖厅、长桥公园、太子湾公园等风景点，增加的绿化面积大于34万平方米。

⑦立法。20世纪70年代起，杭州市人民政府、杭州市园文管理局陆续制定了一些西湖管理规定。禁止在西湖内洗涤、洗澡、游泳、垂钓、采摘等活动，对预防水质污染起到了很重要的作用。

1983年12月，浙江省人大常委会颁布了《西湖风景名胜区保护管理条例》，使西湖管理步入了规范化、法制化的轨道。

⑧宣传教育。对学生、市民和游客开展经常性的环境教育，提高公众的环保意识，加强对西湖的保护意识、忧患意识。如在西湖边和各风景区游览点竖立各类告示牌，在西湖游览门票上印有“保护西湖、防止污染”的字样。

(3)杭州西湖水污染治理措施

①疏浚。1953年至2001年，西湖经历了四次局部和全湖疏浚，共挖去湖泥1000万立方米，西湖平均水深从0.72米提高到2.15米，湖水容量提高了3倍。

②引水。为了改善西湖水质，1985—1986年，建设了钱塘江引水工程，总投资1169万元。引水从西南角的小南湖进入西湖，从东北角的圣塘闸流出，年引水在2000万立方米左右。

③入湖溪流整治。西湖入湖溪流主要有三条，分别是金沙涧、长桥溪、龙泓涧。三条入湖溪流中，金沙涧水质最好，龙泓涧次之，长桥溪最差。三条入湖溪流虽经整治，但因截污工程不完善、沿溪流餐饮娱乐业迅速发展等原因，每年仍有大量的氮、磷等营养盐随溪流进入湖区。

④合理养殖。调整鱼种，适度放养摄入蓝绿藻的鳙鱼、白鲢、白鲫等鱼类，年捕捞量为30万千克。

⑤湖面清卫。每年捞起湖面漂浮垃圾12万千克。

⑥加强水质监测。杭州市环境监测中心站每月对西湖水质监测一次。监测的项目有：pH、悬浮物、总硬度、透明度、溶解氧、高锰酸盐指数、生化需氧量、氨氮、亚硝酸盐、硝酸盐、挥发酚、总氰化物、总砷、总汞、六价铬、总铅、总镉、石油类、电导率、叶绿素a等。

⑦西湖环境综合治理。自20世纪80年代以来，已建成环湖截污工程、疏浚泥底（年均挖泥量2万立方米）及钱塘江引水等工程。

(4)沉水植物恢复的生态效应

西湖主体湖区自 20 世纪 90 年代以来,浮游植物密度和叶绿素 a 逐年上升,水体透明度不足 0.5 米。而小南湖湖区自从钱塘江引水后,局部水质有所改善。湖区生长了高等水生植物,面积一度达 26670 平方米,主要有聚草、苦草和金鱼藻。小南湖生态系统发生了演变,水质明显变好,营养类型逐渐从浮游植物响应型向大型水生植物响应型转化,透明度大大提高,与主体湖区相比,浮游植物密度和叶绿素 a 大幅度下降。

小南湖生态系统的演变给人们以启示,它反映了以工程治理措施为原始动因,使水体透明度增加,有利于水生植物的生长,而生长良好的水生植物又可抑制浮游藻类的生长,减缓营养物质的循环速度,增加水体稳定性,有效地提高水环境质量,进而带动生态系统的良性演变。实践证明,重建和恢复以沉水植物为主的生态系统,并保持其良性循环,富营养化浅水湖泊的治理将会取得显著和持久的效果。

锦囊妙计——浙江省的水污染防治

第 6 章

浙江省是自然资源小省，但水资源相对比较丰富，单位面积水资源量排在台湾、福建、广东之后，位居全国第四。但是水资源和水环境的保护也面临着挑战。有四个特点，第一个是总量大，人均少。浙江多年人均水资源量仅为1740立方米，低于全国平均水平，不足世界人均的1/4。二是春夏多、秋冬少。浙江3月至7月初春雨和梅雨季节降雨量最为丰富，集中了全年70%以上的降水量，洪峰集中，极易造成洪涝灾害。三是用水多、效率低。2012年浙江总用水量是222亿立方米，整体供水压力比较大，但平均水资源利用率仅为15.4%。四是污染重、水质差。浙江地表水总体水质为轻度污染，平原河网的水质情况为重度污染。杭州湾、象山港、三门湾、乐清湾等近岸海域污染严重。

2013年初，针对浙江省多地环保局长被“邀请”下河游泳的事件，浙江以“重整山河”的雄心和壮士断腕的决心，打响铁腕治水攻坚战，重点抓浦阳江水环境综合治理，推动全省清理河道和清洁农村行动，建立“河长制”等河道保洁长效管理机制，以治水为突破口打好经济转型升级“组合拳”，取得初步成效。2013年10月上旬，“菲特”强台风正面袭击浙江，引发余姚等地严重的洪涝灾害。浙江在全力做好防汛救灾工作的同时，更加深刻认识到必须治污水、防洪水、排涝水、保供水、抓节水“五水共治”，才能从根本上解决水的问题。要通过治水，进一步治出转型升级的新成效，治出面向未来的新优势，治出浙江发展的好局面，治出浙江自信、自觉、自强的精气神，以抓治水促转型的实际成效取信于民。

(1)政治意义

从政治的高度看,治水就是抓深化改革惠民生。习近平总书记明确要求,2014 年的改革,要从时间表倒排最急迫事项改起,从老百姓最期盼的领域改起,从制约经济社会发展最突出的问题改起,从社会各界能够达成共识的环节改起。抓治水完全符合这“四个改起”的要求,符合党的群众路线教育实践活动落实整改的要求。治水是新形势下浙江社会主义物质文明建设的要求、精神文明建设的需求、生态文明建设的诉求、政治文明建设的追求。

(2)经济意义

从经济的角度看,治水就是抓有效投资促转型。治水的投资,就是有效的投资;治水的过程,就是转型的过程。在最近几年民间投资的意愿下降、优质外资难引、政府投资受限的情况下,好的投资项目对保持有效投资增长至关重要。治水能够为人民提供一大批优质项目,特别是水利工程项目,这对于保持经济平稳增长具有现实意义。

(3)文化意义

从文化的深度看,治水就是抓现代文明树新风。水,不仅是资源要素,也是文化元素,是文明之源、文化之源。治水历来是兴国安邦的大事。中华民族几千年悠久灿烂的文明史,也可以说是一部除水害、兴水利的治水史。水文化直接触及人们的灵魂,浸润着人们的心田,影响着人们的思想意识、道德情操、精神意志和智慧能力。水文化的价值在于它让人们懂得热爱水、珍惜水、节约水。党的十八大以来,党中央更加强调厉行节约,反对铺张浪费,大力倡导“资源节约型、环境友好型”社会建设。如果大家切实从增强全社会的亲水、爱水、保水意识抓起,继而从日常节材、节电、节煤、节油、节粮的良好习惯做起,就一定能掀起一股节约、节俭的新风和正气。

(4)社会意义

从社会的角度看,治水就是抓平安稳定促和谐。污水、洪水、涝水、供水和节水问题,直接关系平安稳定、关乎人水和谐。进行"五水共治",是平安浙江建设的题中之义。古往今来,听风声雨声读书声,看家事国事天下事,而治水从来都是江山社稷、国泰民安的大事、要紧事。浙江必须下定决心铁腕治水。社会政策要托底,治水工程必须要顶起,这是很重要的底线。

(5)生态意义

从生态的尺度看,治水就是抓绿色发展优环境。浙江"缺水",有海岛地区资源性缺水制约,也有一些山区工程性缺水因素,但主要是污染造成的水质性缺水。"江南水乡没水喝",根子就在过于依赖资源环境消耗的粗放增长模式。面对青山不再、绿水不再的尴尬,浙江必须牢固树立"绿水青山就是金山银山"和"山水林田湖是一个生命共同体"的理念,以"功成不必在我"的胸襟和对浙江可持续发展的担当,围绕治水目标,把水质指标作为硬约束倒逼转型,以短期阵痛换来长远的绿色发展、持续发展。

"五水共治"好比五个手指头,治污水是大拇指,摆在第一位;防洪水、排涝水、保供水、抓节水分别是其他四指,分工有别、和而不同,捏起来就形成一个拳头。

"五水共治"将把握轻重缓急,分步实施,时间表将分三年、五年、七年 3 步。其中,2014—2016 年要解决突出问题,明显见效;2014—2018 年要基本解决问题,全面改观;2014—2020 年要基本不出问题,实现质变。

治污水作为首要重点任务,主要是实现"清三河、两覆盖、两转型"。"清三河"就是重点整治黑河、臭河、垃圾河;"两覆盖"就是力争到 2016 年、最迟到 2017 年实现城镇截污纳管和农村污水处理、生活垃圾集中处理基本覆盖;"两转型"就是抓工业转型和农业转型。

6.1 饮用水水源保护

浙江省高度重视饮用水水源地环境保护工作，将保障饮水安全列为省政府“民心工程”的首要任务，并作为全省环保工作的重中之重。多年来，在省委、省政府的正确领导下，全省各级环境保护部门围绕用水水源保护区划定和合格规范饮用水水源保护区创建，实施饮用水水源地综合整治，提高水源地水质监测能力，强化饮用水水源保护区环境应急管理，加强农村饮用水水源安全保障，为完善饮用水水源保护的保障措施做了大量工作，取得了一定的成效。2011年12月13日，浙江省第11届人民代表大会常务委员会第30次会议通过了《浙江省饮用水水源保护条例》，并于2012年1月1日起施行。

6.1.1 推进饮用水水源保护区划定和合格规范饮用水水源保护区创建工作

(1)科学划定饮用水水源保护区

进一步完善水功能区划、水环境功能区划。现有水功能区划、水环境功能区划不合理、影响饮用水水源保护的，要尽快调整。因项目开发建设确需调整水功能区划、水环境功能区划的，要从严控制，涉及饮用水水源的，原则上不准降低保护级别。至2012年底，全面完成了集中式饮用水水源保护区范围的划定。

(2)积极创建合格规范饮用水水源保护区。

各级政府制订相应创建计划，落实创建责任，明确进度要求，加快推进合格规范饮用水水源保护区创建工作。2012年底，设区市本级饮用水水源完成合格规范饮用水水源保护区创建工作，县级以上集中式饮用水水源地水质达标率达到86%以上；到2015年，其他饮用水水源完成合格规范饮用水水源保护区创建工作，县级以上集中式饮用水水源地水质达标率达到90%以上，乡镇集中式饮用水水源地水质达标率达到75%以上。

6.1.2 实施饮用水水源地综合整治

(1)全面排查饮用水水源地安全隐患

各级政府定期开展饮用水水源地安全隐患排查。排查的重点是：饮用水水源地周边、上游及沿江沿河可能影响饮用水水源安全的造纸、酿造、化工、制药、印染、制革、冶炼、电镀、矿山(尾矿库)等行业以及其他涉及危险化学品生产、使用、贮存的单位；饮用水水源保护区周边的污水处理厂、垃圾填埋场、加油站、储油罐、渔业或水产养殖、规模化畜禽养殖等非工业污染源；可能污染饮用水水源地的道路、水路交通隐患点；危险化学品运输车船。对排查中发现的违法行为，依法严肃查处；对排查中发现的安全隐患，及时清理整治。根据排查情况建立饮用水水源污染隐患动态数据库，切实做到防患于未然、治患于萌芽。

(2)大力推进工业污染防治

对湖库型水源地集雨区和河流型水源地上游的建设项目，严把准入关。对重点流域内的土地利用规划和区(流)域开发利用规划，以及工业、农业、畜牧业、能源、水利、交通、城市建设、旅游、自然资源开发等专项规划，按规定开展规划环评。进一步优化产业布局，加快调整饮用水水源保护区周边及上游产业结构，优先发展节能环保的高新技术产业和其他无污染产业。大力推进造纸、酿造、化工、制药、印染、制革、冶炼、电镀、矿山(尾矿库)等重污染行业整治，坚决淘汰不符合产业政策和节能减排要求的落后产能，依法关闭逾期未完成治理任务的污染企业。

(3)深入开展农业面源污染防治

全面清除饮用水水源一级保护区内的畜禽养殖行为，逐步清除饮用水水源二级保护区内的畜禽养殖行为。加强对饮用水水源保护区内及周边农业种植施用化肥、农药的监控。禁止在饮用水水源一级保护区内施用化肥、农药,限制在饮用水水源二级保护区内施用化肥、农药。指导饮用水水源保护区周边农户合理施用化肥、农药,鼓励施用有机肥,减少施用化肥和农药,推进畜禽粪便和农作物秸秆资源化利用,严禁施用高毒、高残留农药。积极推行肥药减量控害增效技术,减少农田化肥氮磷流失。

(4)着力加强渔业养殖污染治理

制订实施水产养殖规划,积极推行水产生态养殖模式。饮用水水源保护区禁止从事投饵养殖,集雨区内严格限制集约化水产养殖。逐步清退具有饮用水水源功能的水库库区内现有的水产养殖场。积极发展保水洁水渔业,通过人工放养滤食性鱼类,优化鱼类品种结构,增殖保护土著水生生物资源,改善水域生物群落组成,保持水体生物链平衡。依法严厉打击炸鱼、毒鱼、电鱼等破坏水源地生态的违法行为。

(5)有效控制城乡生活污染

加强农村生活污水处理,推广生态型零排放治理模式。湖库型水源地集雨区内所有城镇都要建成污水处理设施,或将污水纳入周边污水处理厂处理。加快推进城乡生活垃圾无害化处置,全面推行“户集、村收、镇(乡)转运、县(市)处理”的生活垃圾集中收集处置机制。不具备集中处置条件的偏远农村,要按照“统一收集、就地分类、无害化处理”的方式加以解决。结合实施“下山脱贫”工程,引导水源地集雨区人口向城镇或水库下游地区转移,逐步降低水库集雨区人口密度。

(6)切实加强道路水路危险化学品运输安全管理

公安部门划定、调整危险化学品运输车辆通行区域或者指定剧毒化学品运输车辆线路时,应当避开饮用水水源保护区,确实无法避开的，应当采取限速、设置饮用水水源警示标志和完善道路交通安全设施等措施，确保通行安全。运输车辆应按规定载运危险化学品，悬挂或者喷涂符合国家标准的警示标志，配备押运人员，并保证所运输的危险化学品处于押运人员的监控之下。交通运输部门应督促道路建设单位严格落实环境影响评价有关要求，在饮用水水源保护区周边新建道路设置防护栏、溢流沟、沉淀池等必要的污染防护设施。船舶经过饮用水水源保护区的，必须遵守法律法规和国家、省有关饮用水水源保护的规定。

(7)积极开展水源地生态保护与修复

积极推进湿地保护示范工程建设，有效控制藻类及氮、磷污染，提高水源地生态自净能力。大力开展生态清洁型小流域建设、水源地源头水源涵养林和生态公益林建设。湖库坡度为 20 度以上、其他坡度为 25 度以上的山体原则上要退耕还林。严格控制水源地上游及周边地区的开发活动，依法查处未经规划许可乱砍滥伐、毁林开荒、私挖滥采等破坏生态环境的违法行为。积极开展湖泊底泥生态疏浚，深入实施“万里清水河道”工程，建立湖库、河道长效保洁机制。

6.1.3 加强饮用水水源地水质监测

县级以上集中式饮用水水源地加快建立自动预警环境监测体系，乡镇饮用水水源地全面建立常规监测体系。到 2012 年，新建了 81 个主要饮用水水源地水质自动监测站。对存在风险隐患的饮用水水源，要加密水质及污染特征因子监测频次，及时掌握水质变化状况。加强应急监测能力建设，确保发生污染事故时，能迅速准确地监测和分析污染物种类、数量、来源和潜在危害。

6.1.4 强化饮用水水源保护区环境应急管理

(1)严格落实饮用水水源保护区风险防范措施

各级政府要建立饮用水水源保护区风险管理系统,落实风险防范责任,完善各类风险防范措施。着力推进饮用水水源保护区环库截污工程(包括防污沟、导污渠、集污池等)和重要连接水体风险防范工程建设。饮用水水源上游及周边生产、使用有毒有害化学品的企业必须制订应急预案,原料储存区要设置围堰,厂区要配套建设事故池,备足应急物资。积极推进城市应急备用饮用水水源地建设。到2015年,县级以上城市具备2个以上水源供水能力,有必要的地区还应建设应急备用地下水水源地。

(2)积极推动饮用水水源保护区预警体系建设

各级政府要建立饮用水水源保护区分级预警体系和预警数据信息汇总分析系统,加强对水源水质状况及安全形势的研判,及时发出水源地安全预警。河道型饮用水水源地上下游要建立饮用水水源保护协调合作机制和跨界监测信息共享机制,完善区域应急监测网络和应急处置方案,增强区域联合预警能力。供水单位应定时检测取水口水质,并对出厂水水质实施实时监测。发现异常情况的,要立即采取有效措施予以处置,并及时向当地政府报告。

(3)全面提升饮用水水源应急保障能力

各级政府要积极推进政府、污染源单位和供水单位"三位一体"的饮用水水源应急体系建设,科学编制饮用水水源突发环境污染事件应急预案,定期组织开展演练和评估,形成预案动态管理制度。完成省、市、县三级政府饮用水水源突发环境污染事件应急预案的编制。加强各类应急物资、设备的配备储备,确保发生事故时能第一时间调配到位。各级环保、安监、公安、建设、交通运输、水利、农业、卫生、消防、供水等部门要加强联动,有效防范安全生产事故和交通事故导致的次生污染事件。

(4)及时妥善处置饮用水水源突发环境事件

各级政府要保持对饮用水水源突发环境事件的高度敏感,一旦发生涉及饮用水水源的污染事件,要按程序报告,并及时妥善处置。饮用水水源污染事故导致原水供应中断的,所在地政府应当启动相应的应急预案,保障饮用水应急供应。对能够通过工程措施治理污染的,尽量减少供水影响、缩短停水时间;对能够取用临时备用水、实行间歇供水的,尽量做到不停水。在取水受到影响时,要认真分析原因,视情况采取深度处理、投加活性炭等备用措施,在确保供水水质的前提下,尽量减少对正常供水的影响。

6.1.5 加强农村饮用水水源安全保障

各级政府要加强规划,加大投入,加快建立安全、可靠的农村供水体系。切实加强农村分散式饮用水水源地环境保护与污染治理,着力消除各类污染隐患。加强对农村现有简易水厂和供水设施的改造,落实各项净水措施,因地制宜解决农村饮水安全问题。深入实施"农村饮水安全提升工程",提高农村饮水安全保障水平。到2015年,完成395万农村人口改善饮水安全状况的任务。加快区域集中供水设施和管网建设、改造、维护与管理,推动城市供水向农村延伸覆盖,逐步实现区域集中供水同网同质同价。

6.1.6 完善饮用水水源保护的措施

(1)加强组织领导

加强饮用水水源保护,事关人民群众身体健康,事关社会和谐稳定,事关生态文明建设。各级政府要把饮用水水源保护工作作为必须履行到位的基本职责,进一步加强领导,落实责任,完善措施,扎实推进各项工作,确保人民群众饮水安全。饮用水水源保护工作情况纳入各级生态建设目标责任考核体系，作为评价领导班子、领导干部政绩的重要内容，与生态市县、环保模范城市创建等工作挂钩。

(2)加大资金投入

优化财政支出结构，整合各类专项资金，加大对饮用水水源保护工作的财政投入。加大对水源地污染源实施搬迁整治、禁止和减少施用化学肥药、建设生态公益林、实施生态移民和生态修复等的生态补偿力度。完善水资源有偿使用制度，合理调整水资源费征收标准，扩大水资源费征收范围，严格水资源费征收、使用和管理。完善多元化投融资机制，拓宽投融资渠道，引导和鼓励社会资金投资参与饮用水水源保护。

(3)强化科技支撑

加大饮用水水源保护专项科技经费投入，积极开展相关科技攻关，重点做好饮用水水源保护区污染物削减、湖库富营养化形成和消除机理、水体氮磷污染控制、藻类防治、水体生态修复、洁水保水渔业养殖、农村农业面源污染控制等技术和示范工程的研究与推广。加快制订水源环境监测用计量器具检定(校准)的技术规范。

(4)营造良好氛围

广泛开展饮用水水源保护宣传教育，提高社会公众对加强饮用水水源保护重要性的认识，调动社会各界参与这项工作的积极性、主动性和创造性。建立健全饮用水水源环境信息公开制度，积极推行有奖举报制度，公开曝光处理相关违法行为，切实保障人民群众的知情权、参与权和监督权，努力形成全社会关心、支持和参与饮用水水源保护工作的良好氛围。

6.2 清污垢，还旧账

我省水环境质量不容乐观，在 2013 年全省 221 个省控断面中，劣于Ⅲ类占 36.2%。平原河网整体污染更为突出，劣于Ⅲ类的占 88.9%，其中劣于Ⅴ类的占 52.8%，不满足水环境功能区目标水质要求断面占 83.3%。在八大水系中，钱塘江、曹娥江、甬江、椒江、鳌江等水系中仍然存在明显污染的河段。人民群众对改善水环境的诉求也急切上升，譬如一些城乡河道“脏乱差”，黑河、臭河、垃圾河早些年都已存在，但无人问津。而近年来人民群众对此反映越来越强烈，公众对水环境问题投诉和媒体报道也持续不断，反映了“涓涓清水、娟秀江南”已经成为浙江人民的迫切期望。“清污垢，还旧账”就是将长期沉积于水体中的污染物质打捞上岸，进行无害化处理，主要措施有“清三河”、中小河流（道）整治和内河船舶污染防治等。

6.2.1 “清三河”

“清三河”就是治理黑河、臭河、垃圾河。治污水是“五水共治”首要，也是最重要的环节，治理黑河、臭河、垃圾河实质上也就是治污水。而“清三河”集中行动的目的也就是为了治污水，只有把污水治理好了，“五水共治”才有保障。

为实现“到 2014 年底全面消灭垃圾河，到 2016 年底基本消灭黑河、臭河”的总体目标，省里明确了“十百千万治水大行动”这一工作载体，这里的“千”就是“千治”，就是全省每年高质量高标准治理 1000 公里黑河、臭河、垃圾河，整治疏浚 2000 公里河道。在管理制度上全面落实“河长制”，建立省、市、县、乡（镇）级河长体系，有条件的要延伸到村。制订实施各级“河长制”工作方案，建立工作机构，明确河长职责。建立健全“河长制”工作的巡查和例会、信息报告、应急处置、组织协调、指导服务、督察督办、考核激励、宣传教育、全民参与等工作机制。每条河要建好“一河一档”和项目库，排出治理时间进度；将每一项责任分解到地区、部门、岗位、人员，每条河要竖起公示牌；对各地“河长制”落实情况进行考核。

(1)“清三河”工作内容

①垃圾河道清理：整治河道管理范围内的乱搭建，特别是拆除饮用水源地保护范围内的违章搭建；清理堤防、岸边垃圾，清理水面漂浮物，清理水中障碍物，打捞沉船，清理非法围网养殖；对内源污染严重的河道进行重点清淤和整治，全面落实“四位一体”河道长效保洁机制。

②黑河、臭河治理：分析黑臭成因，科学制订“一河一策”黑河、臭河治理方案，由属地政府统一部署，多部门联动，针对不同污染源情况，分别采取工业污水、城镇集镇和农村集聚区生活污水截污纳管，农村分散式生活污水处理，农业面源污染有效控制，河道内源污染有效清除，以及调整优化河网布局，加快水体流动速度，促进流域水环境质量的改善等措施。

建立全市统一的“三河”信息库，对黑河、臭河、垃圾河实行统一编号入库管理，做到“消除一条、核销一条”，最终达到消灭黑河、臭河、垃圾河的目标。

(2)“清三河”整治标准

①垃圾河整治标准。

水下无淤积 河底基本达到无严重影响水质的污泥和影响河道引排水的淤泥。

水中无障碍 河道内无影响河道行洪排涝、引水灌溉等障碍物。

水面无漂浮物 河道水面无影响河道景观漂浮垃圾及影响水生态环境的水生植物。

水边无垃圾 河岸、岸坡、岸脚无垃圾杂物、死树枯枝，河道内水闸、码头、河埠、桥墩等附属建筑物周边无垃圾堆积物。

岸上有绿化 结合“四边三化”和绿道建设，大力开展河道绿化工作，按照因地制宜的原则，在河道两岸上栽插适宜树种，美化河道环境。

②黑河、臭河整治标准。

基本标准：通过多方联动，多元整治，切断污染直排河道，基本消除河水发黑、发臭的现象。

最终目标：基本建立河道水生态系统，基本形成从水中到岸边较为完整的水陆植物交换系统，保持水体流动畅通，使水体自净能力明显改善和提高，达到“水清、流畅、岸绿、景美”的目标。

6.2.2 中小河流(道)整治

浙江省境内水系发达，河流众多，分布广泛，中小河流承担着农村行洪、排涝、灌溉、供水的任务，是河流水网体系的重要组成部分和水环境的重要载体。自 2009 年起，在省政府的统一领导下，浙江省深入实施了“万里清水”河道建设和中小河流治理，加大河湖水系连通及水生态保护与修复力度，加强平原淤积河道清淤工作，建立河道淤积情况监测和清淤长效机制。按照“引得进、流得动、排得出”的总体要求，以提高水的流动性为手段，增强水环境承载能力，构建良好的水生态系统。力争到 2017 年，新增河道整治 8000 公里，完成中小河流治理 1000 公里，其中列入中央中小河流治理重点县试点规划的 21 个县(市、区)、200 个乡镇、2600 个农村河道整治全面完成，平原河网全面清淤一遍。

(1)合理确定河道治理范围

在中小河流治理前期工作中，现场调研非常重要。通过对治理河道的历史资料、洪痕、河道特点、存在问题及治理目标等情况的调查，分析河道历史变化情况，并根据河道的特点，初步确定优先治理河段。进一步选择治理项目时，可在中小河流治理规划的基础上，根据治理目标、建设标准、上下游和左右岸的关系，合理确定河道治理范围，既尊重规划，又进行适当调整，这样可以充分调动地方政府和当地群众的积极性，有利于项目实施。

(2)因地制宜确定治理方式

中小河流治理工程难度最大的就是治理方式的确定，从已实施的项目来看，基本上是以防洪工程建设为主。中小河流治理是一项系统工程，中小河流数量大、分布广、问题多、形式复杂，要像大江大河一样全面提高防洪标准显然不现实，非国家财力所允许，从经济和技术上考虑也未尽合理。因此，在中小河流治理工作中，应根据河道特点和两岸经济社会状况，因地制宜地合理确定治理方式，采取不同措施，多种形式完善防护体系。

①治理河段分类。根据治理河段特点、所处位置将其分为山区河段、浅丘河段、平原河段等几类，不同的河段采取不同的措施治理。

②河段分类治理措施。山区河段往往处在河道的上游，一般河道坡降较大，其洪水具有来势猛、流速大、时间短的特点，应以河道护岸防冲治理为主，尽可能防止盲目修建堤防，抬高河道洪水位，加重水灾；有条件的地方，建议退耕还林，采取建设淤地坝或水库拦洪的措施。浅丘河段往往处在河道中游，流域面积相对较大，河道一般具有河床宽浅、游荡性强、坡陡流急、洪水陡涨陡落、两岸人员居住集中的特点，应采取工程措施与生物措施相结合的方法进行治理，以工程措施固岸防洪，辅以植树种草稳定河势。平原河段一般地势平缓、河道坡降也比较缓，河道两岸耕地面积大、居住人员多、地形高差小，因此，宜以建设防洪工程为主，辅以生物措施稳定河势。

③生态河流整治措施。中小河流治理一味地建设防洪工程，将会造成河道生物多样性的降低，渠化河道和硬质护坡护岸将使人居环境质量恶化。在治理中，应摒弃一味建堤的老观念，从维持

生态平衡、保护湿地和生物多样性出发，给河流以空间，防洪重点则放在避开洪水居住、优化建筑的逃生系统上，在防汛方面达到人与自然的和谐相处。

总体而言，在确定河道治理方式时，应优先进行河道清障整治，改造拦河坝增大河道泄洪能力，对阻洪严重的跨河桥梁应责成相关部门限期改建，以降低洪水位；其次，清除人为乱挖乱采形成的杂乱无章的河底堆积物，恢复河道自然坡降与河势，再进行固岸以保行洪安全；最后对重要的区域实施防洪工程治理措施。

(3)河道整治技术措施

在确定河段综合治理方式后，必须着重研究技术措施，使其能够兼顾各方利益，做到技术可靠、投资经济、生态环保。

①护岸工程设计。从已实施的一些工程案例看，河岸坍塌的原因较为复杂。山区河流河岸坍塌往往由河水冲刷引起，多发生于凹岸处，应根据当地材料情况，采用埋石混凝土或浆砌石固岸，基础坐落于稳固的基岩上。浅丘区与平原区的河岸坍塌除部分急弯河道凹岸由冲刷引起外，大多是由于河道管理不善，人为采沙破坏形成的，对这一类河道的治理，应在加强河道管理基础上，抛石填底防冲，上部岸坡则根据河段所处位置设置成固岸或生态护坡。

②堤防护坡设计。需要建堤防的河段大多处于浅丘区或平原区，建堤目的是保护乡镇或大片农田。在进行堤防护坡设计时，一般应在堤脚设置固脚，常水位下部堤坡设计成防冲护坡，使坡脚免受冲(淘)刷，确保堤防安全，上部尽可能保留原有河岸树木，形成生态型护坡，应考虑堤顶与内侧地面的平缓衔接，超高部分可设置防浪墙，并修建沿岸栏杆。

③堤岸生态护坡技术措施探讨。在进行河道整治设计时，生态护坡材料选用合理与否甚为关键。在业已实施的某些项目中，由于设计、审查、业主等部门没有充分协调一致，一味采用混凝土预制块护坡，虽然起到了防冲作用，但生态效果极差；有的项目没

有考虑河道水情，采用普通草皮（或撒草籽）护坡，结果草皮生长期与汛期相冲突，岸坡受到严重冲刷。在具体选择时，要总结不同护坡技术的抗冲能力及其经济性和应用范围，因此制宜地进行选择。

6.2.3 内河船舶污染防治

船舶污染主要是指船舶在航行、停泊港口、装卸货物的过程中对周围水环境和大气环境产生的污染，主要污染物有油类物质、生活污水、船舶垃圾三类，而其中油类物质污染危害最为严重。

(1)危害性的主要表现

①对人体健康的危害与威胁。船舶污染物质中的有毒物被河流生物摄取后，附着在食物链中。人食用了这些河流生物后，其中的有毒物质就会损害人的身体健康。此外，污染导致污染区水质恶化，再加上生物受污死亡后腐烂、恶臭，也会使当地居民的身体健康受到影响。

②破坏河流生物及其生存环境。船舶污染对各种河流生物的影响可能是巨大的。在发生船舶污染后，有些生物丧失或改变其肢体器官功能和繁殖能力；还有些生物数量锐减，面临灭绝的危险。此外，由于河流一旦污染后很难恢复，河流生物的生存环境也受到极大破坏。

③给水上旅游业带来负面影响。水上风景区通常为旅游胜地，环境优美，如发生严重船舶污染，尤其是油污，会出现影响美观的泡沫、浮污或极恶心的气味，破坏优美的自然景观，使当地失去旅游观光价值。

④巨大的经济损失。船舶污染尤其是油污所造成的物质财富的直接损失与防止和减轻污染损害所花费的间接费用相当惊人。

(2)加强对船舶污染的防治

进入我省水域航行的内河船舶应按以下要求安装防污设施：

座舱机船舶的防污设备必须满足现行船检规范的要求；新造挂桨机船应严格按国家船检局发布的《内河挂桨船检验规则》(1998)执行，柴油机、挂桨及防污设备必须经船检部门认可；现有挂桨机船应增设经船检部门认可的防油污染设备。所有船舶必须配备经认可的垃圾储存容器；客船、旅游船应安装生活污水处理或接收装置，污染物必须经处理达标才能排放，船舶垃圾不得抛弃于水域。挂桨机船噪声排放要符合国家标准，所有船舶行经城市市区时，必须遵守当地政府的船舶噪声污染防治规定。未按要求安装防污设备的船舶，从 1999 年 9 月 1 日起禁止驶入太湖水域，从 2000 年 1 月 1 日起禁止跨省航行或进入省内其他航道航行。

(3)加快建设船舶污染物集中处理设施

油码头、船舶加油站、加油船必须配备油污水接收处理装置，免费接收过往船舶的油污水，经处理达标后才能排放。未配备油水分离设施和油污水接收装置的油码头、船舶加油站、加油船，自 2000 年 1 月 1 日起，不得从事船舶加油业务；2000 年 1 月 1 日前港口及码头必须设置足够的船舶垃圾及污水接收装置，并与城市垃圾及污水接收、处理系统相衔接。

(4)开展科学研究，加快船舶技术改造

积极开展船舶防污科研项目的研究，研制开发船舶防污新设备，努力提高船舶防污染设施的质量。加快对现有船舶，特别是挂桨机船进行防污设施改造。加快内河船舶结构调整，制订内河船舶发展规划，停止挂桨机船和水泥船的建造，大力发展与航道等级相适应的大吨位内河自航船、集装箱运输船。

(5)明确职责，分工协作

省环保部门统一协调船舶污染防治工作；省交通部门负责对船舶污染防治的监督管理，加强对港口、船舶污染违章行为的查处；省建设部门负责港口、码头垃圾接收、清运、处置的监督管理工作。各部门要各司其职，密切配合，共同做好船舶污染防治工作。

6.3　控源头，减污染

大家都说“污染在水里，根源在岸上”，这就要求我们必须把主要精力和手段放在岸上源头的防控上，弄清楚污染总量到底有多大、污染源有哪些。在此基础上，针对不同污染源先易后难，突出重点，有的放矢进行治理，这样才能事半功倍。从另一方面来讲，应该说治污水与促进产业转型是有机互动的，可以通过治水倒逼结构调整产业转型升级，通过转型升级从源头解决水污染问题。浙江省坚持以倒逼产业转型升级为突破口，从截污纳管、工业污染防治、农村生活污染防治以及农业和渔业面源污染防治做好“控源头，减污染”工作，取得显著效果。

6.3.1　截污纳管，雨污分流

截污纳管是一项水污染处理工程，就是通过建设和改造位于河道两侧的工厂、企事业单位、国家机关、宾馆、餐饮、居住小区等污水产生单位内部的污水管道（简称三级管网），并将其就近接入铺设在城镇道路下的污水管道系统中（简称二级管网），并转输至城镇污水处理厂进行集中处理。简言之，即污染源单位把污水截流纳入污水截污收集管系统进行集中处理。此种方法在城镇污水处理中发挥了重要作用，可以说是改善水质最根本、最重要的措施。

我国以前由于在城市基础设施建设方面比较落后，没有对排水管道根据水的来源进行分设，采用的是雨水和污水合用一条排水管道的形式，即合流制的排水系统。随着经济的发展和环境意识的增强，再加上水资源越来越珍贵，为了能够更好地利用各种水资源，开始实施雨水和污水各用一条排水管道的排水方式，即雨污分流。雨污分流便于雨水收集利用和集中管理排放，降低水量对污水处理厂的冲击,保证污水处理厂的处理效率。雨污分离将会大大提升城市的环境质量、城市品位和管理水平,切实改善广大市民群众的生存环境和生活质量。

(1)城镇污水厂和污水管网建设

在继续加强城镇污水处理厂建设的同时,加快污水收集管网特别是支线管网建设,积极推进雨污分流,全面封堵违法排污口,进一步提高污水的收集效率和城镇污水处理厂的负荷水平。到 2017 年,浙江省预计新建镇级污水处理厂 69 座,新建管径 300 毫米以上的污水配套管网 9000 公里,新增污水处理能力 408 万吨/日。到 2015 年,实现乡镇污水处理设施全覆盖,设区城市和县以上城市污水处理率分别达到 90%和 85%,建制镇污水处理率达到 45%以上。到 2017 年,城市污水处理率达到 95%,建制镇污水处理率达到 60%。

(2)污水处理厂提标改造与运营

按照"一厂一策",加快推进污水处理设施的提标改造工作,到 2017 年,对所有达不到一级 A 标准的污水处理厂进行改造。新建污水处理厂全部执行一级 A 标准。其中,2015 年,太湖和钱塘江流域污水处理厂出水执行一级 A 标准;力争到 2016 年,所有污水处理厂出水执行一级 A 标准。加强污水处理设施运行管理,积极推行第三方运营模式,提高污水处理厂专业化管理水平。加强进出水监管,有效提高污水处理厂纳管达标率和出水达标率。

6.3.2 工业污染防治

工业污染防治是对工业生产过程中产生的有害物质和滥用自然资源造成的环境破坏、人体危害所作的治理、预防和变害为利的转化。在社会主义条件下,工业污染防治是一个关系整体利益和长远利益的重大社会经济问题。防治工业污染的主要措施是:

①树立经济建设和环境保护同步发展的指导思想，把工业污染防治纳入统一的社会经济发展规划；②健全环境保护的法制，把法律手段、行政手段、经济手段、科技手段和思想教育结合起来；③大家动手，分工协作，贯彻“谁污染，谁治理”“谁开发，谁保护”的原则；④贯彻“以防为主，防治结合，综合治理，化害为利”的方针，从“三废”搬家、隔离堆存、限量排放、对症治理逐步向资源转化发展；⑤建立工业生产和建设的环境评价制度，把环境保护纳入各级的经济责任制中；⑥通过技术改造，发展无污染和少污染的新工艺、新设备、新材料、新产品。

浙江省对工业污染的防治主要集中在以下几个方面：

(1)重污染行业整治提升

严格按照“关停淘汰一批、整合入园一批、规范提升一批”的原则和重点行业整治提升标准，深入推进重污染高耗能行业整治提升，实现行业结构合理化、区域集聚化、企业生产清洁化、环保管理规范化、执法监管常态化。在巩固铅酸蓄电池、电镀行业整治提升成果基础上，深入推进制革、印染、造纸、化工行业整治，到2015年，全面完成重污染高耗能行业整治提升任务(搬迁入园印染企业382家、造纸企业37家、化工企业114家，原地整治提升印染企业910家、造纸企业328家、化工企业998家)，完成17个制革、印染、造纸、化工园区建设及后续11个电镀园区建设任务，电镀企业入园生产率达到70%。到2017年，印染行业重复用水率达到40%以上，造纸行业综合废水重复利用率达到65%以上。

(2)工业污水排放标准提升

严格执行国家环保标准，确保污染物稳定达标排放，适时提高重点流域环保标准。根据生态环境承载能力状况，确定污染控制重点地区，分流域、分行业制定和实施针对化学需氧量、氨氮、总氮、总磷的特别排放限值。加快制定更加严格的重点重污染行业地方标准，严格落实太湖流域水污染物特别排放限值，钱塘江流域、其他七大流域、全省所有地区分别于2014年底前、2015年底前、2016年底前，全面实施造纸、电镀、羽绒、合成革与人造革、发酵类制药、化学合成类制药、提取类制药、中药类制药、生物工程类制药、混装制剂类制药、杂环类农药等行业水污染物特别排放限值。

(3)落后产能淘汰

适时修订发布《浙江省淘汰落后生产能力指导目录》。严格执行国家和省落后产能淘汰指导目录、《浙江省淘汰落后产能规划(2013—2017年)》，各地要在国家、省定标准基础上，制定行业范围更宽、要求更严的地方性淘汰落后产能标准，坚决关闭能耗高、污染重、治理无望的企业和生产线。根据区域产业结构调整的需要，逐步淘汰一批不具有能源资源节约和环境保护优势、产品附加值较低、相对落后的产能。到2017年，全面完成电镀行业的落后产能淘汰，淘汰钢铁落后产能80万吨、水泥450万吨、造纸145万吨、化纤55万吨、化工50万吨、印染30亿米、铅酸蓄电池230万千伏安时、制革575万牛皮标准张、砖瓦58.6亿块标准砖。

6.3.3 农村生活污染防治

随着经济的发展和城市环境的日益改善，农村环境问题越来越成为中国环境保护工作中的一个焦点，农村生活环境的改善是社会主义新农村建设的重要组成部分，已经引起了各界的关注。浙江省农村各环境要素问题突出，环境形势十分严峻，尤其是农村生活污染层面的农村生活污水、生活垃圾处理等方面，与目标标准差距较大，农村生活污染防治问题比较突出。

(1)农村生活污水存在的问题及防治措施

①浙江省农村生活污水在排放方面主要存在以下问题：一是

排放浓度低，但水质复杂，变化范围大；二是产污量较少，早晚以及季节性变化系数大，早晚排水量、季节性排水存在明显差别；三是经济条件较好的地区农村人口密集，污染物排放量大，农村环境污染严重，是浙江省污染较重的区域；四是山地丘陵地区水土流失严重，支流水环境污染较重，流域内河道水体主要污染物为有机污染物，呈现比较典型的农业面源污染；五是城镇和农村生活污水基本未经处理通过沟渠直接排入河道，农村基础设施尚需进一步完善。

②防治措施。浙江省的农村生活污水大多未经处理直接排放，这成为流域水质污染的重要因素。对于这些分散广泛的点状污水源，用常规的污水处理方法是不合适的。正确引导农村居民改变生活污水随意排放的传统陋习，采取分散或相对集中、生物或土地等多种处理方式，因地制宜选择经济实用、维护简便、循环利用的生活污水治理工艺，科学制订农村生活污水治理规划。充分发挥城镇污水处理厂的辐射效用，区位条件允许的村庄坚持污水进处理厂。鼓励人口集聚和有条件的区域建设有动力或微动力农村生活污水治理设施。按照示范引路、全面推进的工作要求，有计划、有步骤地加以推进。力争用3—4年的时间，完成全省21278个建制村的生活污水治理，新增受益农户513.6万户，农村生活污水治理村覆盖率达到90%以上，覆盖规划保留所有自然村，农户受益率达到70%以上。

一是要加强管理措施的改进。要加快推进“一池三改”。全省要加大户用沼气工程建设力度，使更多农民用上清洁能源、优质肥料，保持农村院落的卫生美观；要加快农村“六改”步伐，加大无害化卫生厕所改造任务，要积极探索研究，因地制宜地推广适用技术，确保厕所污水经处理后排放，逐步减少污水直接排放；要清理村庄乱搭乱建、乱堆乱放、乱贴乱画，使农户房前屋后整齐干净。有条件的村庄，要配套建设排水设施、公共厕所、简易路灯、垃圾箱、村内道路、景观等基础设施，优化美化环境。

二是要促进新工艺措施的广泛运用。在管网基础设施建设较好的发达农村地区推行氧化沟等污水处理工艺，可以集中收集处理片区乡镇的生活污水，在污水处理厂集中处理。丘陵山地地区河边滩地荒地多，坡降合适，具有建造水解酸化ABR、人工快滤处理系统的优越条件；且运行管理费用低，大大改进了水力负荷的污水处理方法。农户采用简易的方式修建类似的沼气厌氧装置，投资为1000～2000元/户，小集镇或农户较为集中的点，采用该技术代替化粪池处理生活污水，具有占地少、运行维护费用低的优势，是今后浙江省农村生活污水处理的方向之一。此外，人工湿地可以用于小城镇等以生活污水为主的污水处理。

(2)农村生活垃圾存在的问题及处理处置方法

①浙江省农村生活垃圾排放存在如下问题：垃圾排放种类杂，数量大；区域分布、季节差异和经济发展水平等直接影响着农村废弃物的种类，时空变化较大，垃圾排放无序；生活垃圾收集、运输等的基础设施缺乏；一些村民环境保护意识不高，缺乏有效的引导和支持。

②处理处置方法有以下几个方面：

一是鼓励生活垃圾分类收集，设置垃圾分类收集容器。对金属、玻璃、塑料等垃圾进行回收利用；危险废物应单独收集处理处置。禁止农村垃圾随意丢弃、堆放、焚烧。

二是城镇周边和环境敏感区的农村，在分类收集、减量化的基础上可通过“户分类、村收集、镇(乡)转运、县(市)处理”的城乡一体化模式处理处置生活垃圾。

三是对无法纳入城镇垃圾处理系统的农村生活垃圾，应选择经济、适用、安全的处理处置技术，在分类收集基础上，采用无机垃圾填埋处理、有机垃圾堆肥处理等技术。

四是砖瓦、渣土、清扫灰等无机垃圾，可作为农村废弃坑塘填埋、道路垫土等材料使用。

五是有机垃圾宜与秸秆、稻草等农业废物混合进行静态堆肥处理，或与粪便、污水处理产生的污泥及沼渣等混合堆肥；亦可混入粪便，进入户用、联户沼气池厌氧发酵。

6.3.4　农业、渔业面源污染防治

农业面源污染是指在农业生产活动中氮素和磷素等营养物质、农药以及其他有机或无机污染物质通过农田的地表径流和农田渗漏形成的水环境的污染，主要包括化肥污染、农药污染、集约化养殖污染等，目前农业面源污染已经成为水环境污染的主要来源。

渔业面源污染是指在水产养殖生产过程中，由于向养殖水体（藻类及贝类等不需投饵的养殖品种除外）中投入大量饵料、渔用药物等，加之生产操作缺乏严格规范，特别是不合理施用时，养殖水体中残饵、排泄物、生物尸体、渔用营养物质和渔药等大量增加，造成氮、磷、渔药以及其他有机或无机物质在封闭或半封闭的养殖生态系统中超过了水体的自然净化能力，从而导致对水体环境的污染，造成水质恶化。

农业、渔业面源污染都具有分散、无序的排放特征，在国际上一直是个棘手的难题。随着工业和城市生活污染源逐步得到控制，农业、渔业面源污染将越来越得到重视。

根据政府干预程度的强弱，可将环境政策手段分为命令控制型、经济刺激型和劝说鼓励型三种。命令控制手段主要包括行政许可、排放标准、限期治理等。经济刺激手段包括可交易的排污许可证制度、环境税费、生态补偿等。劝说鼓励手段主要包括环境宣教、信息公开等，劝说鼓励手段一般作为命令控制手段和经济刺激手段的辅助，浙江省对农业、渔业面源污染的防治主要集中在以下几个方面：

(1)畜禽养殖污染防治

严格执行禁养区、限养区制度。禁养区、限养区划分有需要调整的县(市、区)在2014年底前完成调整,禁养区内生猪在2015年底全部淘汰到位,调减生猪存栏256万头。调整优化畜牧业布局,到2015年,嘉兴、衢州市分别调减生猪饲养量45%和15%,到2017年,全省调减生猪饲养量12%。大力发展农牧紧密结合的生态畜牧业,促进畜牧业转型升级,到2017年,新改扩建出栏1000头的家庭牧场达到1200家。以规模化养殖场(小区)为重点,对2700家1000头以上的规模化养殖场进行标准化改造,对30960个中等规模养殖场进行设施修复以及资源化利用技术再提升,确保治理设施配备和运行全到位。加强病死动物无害化处理,做到设施先进、动作机制完善、政策保障到位。

(2)种植业污染防治

大力发展生态循环农业,开展农业废弃物资源化利用。加快测土配方施肥技术的推广应用,引导农民科学施肥,在政策上鼓励施用有机肥,减少农田化肥氮磷流失。到2017年,推广商品有机肥60万吨,比2013年提高30%,化肥施用量逐年下降。大力推广运用病虫害综合防治、生物防治和精准施药等技术,引导农民使用生物农药或高效、低毒、低残留农药,切实降低农药对土壤和水环境的影响。到2017年,农药使用量减少10%。健全化肥、农药销售登记备案制度,建立农药废弃包装物和废弃农膜回收处理体系。

(3)水产养殖污染整治

坚持生态优先,加快现代生态渔业建设,着力构建环境友好型的水产养殖业,水产养殖集中区域必须实行水环境监测检测。按照不同养殖区域的生态环境状况、水体功能和水体承载能力,科学划定禁养区、限养区,确定合理的养殖种类、容量和方式,严格控制水库、湖泊和滩涂养殖规模。深化水产养殖水污染治理,全面开展渔业养殖园区和特种水产养殖场养殖尾水污染治理，大力推广配合饲料养殖，全面整治投喂冰冻海水小杂鱼等严重污染环境的养殖方式。到 2017 年，推广普及稻鱼共生、稻鱼轮作等生态养殖面积 50 万亩，开展水产养殖废水治理的规模水产养殖场面积达到 50 万亩。

6.4 生态修复，建立长效机制

生态修复是指对生态系统停止人为干扰，以减轻负荷压力，依靠生态系统的自我调节能力与自组织能力使其向有序的方向进行演化，或者利用生态系统的这种自我恢复能力，辅以人工措施，使遭到破坏的生态系统逐步恢复或使生态系统向良性循环方向发展，主要指致力于那些在自然突变和人类活动影响下受到破坏的自然生态系统的恢复与重建工作。

生态恢复研究的目标是通过人工设计和恢复措施，在受干扰破坏的生态系统的基础上，恢复和重新建立一个具有自我恢复能力的健康的生态系统（包括自然生态系统、人工生态系统和半自然半人工生态系统）；同时，重建和恢复的生态系统在合理的人为调控下，既能为自然服务，长期维持在良性状态，又能为人类社会、经济服务，长期提供资源的可持续利用，即服务于包括人在内的整个自然界和人类社会。浙江省秉承“生态修复，建立长效机制”的理念，主要开展了建设生态河道，重点流域、湖泊水环境治理，河湖补水和跨区域引调水等工作。

6.4.1 建设生态河道

生态型河道是相对贴近自然，体现人与自然和谐共处的水利工程。生态型河道以安全、可靠、经济为基础和前提，以满足资源、环境的可持续发展和多功能开发为目标，逐步形成陆域草木丰茂、生物多样、自然水体鲜活流动、水质改善、具有多样水生生物物种互相依存形成系统并能达到自我净化、自我修复能力的水利工程，其本身就是一个景观。

(1)建设生态型河道的要求和特征

生态型河道建设并不是要求我们刻意地追求某种形式，形成一个固定的模式，也不是一概地排斥硬质工程，而是要求我们从实际出发，因地制宜开展河道整治，在确保工程安全的前提下，力求形成河道形态的简洁朴素、自然通畅、水质改善、水体调活的局面。

生态型河道的特征有以下三个方面：

第一，生态型河道应体现人与自然的和谐共处。生态型河道是亲水型的，在体现以人为本的同时，更加注重和提倡人与自然的和谐共处，这样可以避免水利工程建设中的盲目性和投资的随意性，特别是避免水利工程园林化的倾向。

第二，生态型河道应体现生物多样性和本地化。事实上，水利工程的建设本身是对自然原生态的一种破坏，只是在整体上权衡利弊得失时这种破坏利大于弊而值得干。生态不是一成不变，而是动态平衡的。因此，建设生态型河道时必须极大地关注陆域和水体的生物多样性形态的恢复和重建工作，尽可能地减少一些不必要的硬质工程。河岸选择栽种的树种、草种尽可能用本地、土生土长、成活率高、便于管理的，即便是杂树杂草也不要紧。由此来充分体现河道整治的生态理念。

第三，生态型河道的整治应该是渐进式的。无论生物多样性的重建，还是自我净化、自我修复能力的恢复，在河道整治中都不可能一蹴而就，而是一个逐步、渐进的过程。如果不注重生态而快速地实施环境水利工程，往往会导致自然环境的不和谐。

(2)生态型河道建设应注意的问题

建设生态型河道是一个复杂的系统工程，必须重视规划，确定目标，科学论证，合理选项，规范管理，组织开展生态型河道建设，发挥整体效益。为此，在编制规划的过程中，特别要注意处理好整体与局部、长远与当前、安全与景观、需要与可能的关系。

①河道综合整治涉及的问题。一是在指导思想上要确立综合治理的观念，包括河道本身的疏浚，实现通畅；在安全基础上的陆域部分的绿化；水体的治污、调活、净化；污染源的截流、纳管和集中处理。最终实现标本兼治，使清水长流，永续利用。二是治理的过程中要注意反对形式主义，防止片面强调景观而导致水利工程园林化。即使是十分必要的景观建设，也要在设计中尽可能减少硬质工程。要十分强调规划控制，在河道工程范围内的绿化和景观建设，也不一定都要一步到位，可以在主体工程完成之后，留出绿地和大片空间，以后通过非水利的途径再去营造景观。三是要处理好点与面、段与线的关系，可以一次确定目标，分阶段组织实施。四是建设程序规范化问题。当前特别要注重贯彻项目法人制、招投标制、监理制，实行政府采购，对工程决算的审价和对建设的审计。项目建成投入运行后，要经过考验，实行建设效益后评估。对上述这些问题都要综合考虑，以扎实推进生态型河道的建设。

②生态型河道的管理更是以前未遇到过的新课题，需要认真研究和处理好以下问题：一是管理体制和机制问题。按照统一管理与分级负责的原则，落实分级负责的责任制；在管理过程中，探索管养分离的新机制，制订市场准入的规划和管养定额标准，逐步实行养护的社会化、市场化。二是落实管理的经费。任何管理都需要人和物的投入，管理也必须要有成本。管理的投入要根据工程的性质和管理责任权限，由公共财政投入和社会性投入配套组成。三是提高管理的技术含量和科学调度水平。四是加强管理队伍建设，提高管理人员的素质和管理水平。

③投入问题。一是公共财政投入。它只能用于社会性、公益性、基础设施性的建设。因此，生态型河道建设的投入，不可能指

望全部由公共财政投入来解决，只能是根据工程性质和分级负担原则，实行综合性配套性多元性投入。按照补助性、扶持性、引导性的原则，予以适当投入，以推进生态型河道建设。二是社会配套投入。这种投入是带有公益性意义的，是自愿的。三是受益者投入。按照“谁受益、谁投入”的原则，由受益的农民、集体经济组织、开发商、农业企业或者其他受益的企业和个人按照受益比例分摊投入。

6.4.2 重点流域、湖泊水环境治理

为贯彻落实党中央、国务院领导关于重点流域水污染防治工作的一系列指示精神，落实“让江河湖泊休养生息”指导思想，浙江省政府深入贯彻《重点流域水污染防治“十二五”规划编制工作方案》的指导意见，并开展了相关工作。

(1)浙江省“万里清水”河道建设逾万千米

作为“五大百亿”工程和生态省建设的重点项目，浙江省“万里清水”河道工程建设取得阶段性进展。该工程开展 3 年多来，全省已投资 200 亿元，提前 1 年完成 1 万千米清水河道建设的目标。整治过的河道基本消除“脏乱差”，水环境面貌得到明显改善。

与以往的河道整治相比，“万里清水”河道工程更加强调生态治水——即在发挥河道行洪、航运、灌溉等功能的同时，着力恢复和提高河道生态功能，充分体现生态性、自然性和亲水性。

通过建管相结合，省财政每年安排 200 万元资金，对保洁较好的河道实行以奖代补，进而带动各地投入河道保洁资金每年达 4000 万元。在河道保洁上，各市县广开思路：德清县通过物业招标的办法，使河道保洁费由过去的每年 200 多万元降低到 70 万元，行政管理成本也因此大为减少。据统计，全省已有河道保洁队 100 多支，6500 千米河道已实行长效保洁。

各地还积极探索“政府投入为引导、资源综合开发、鼓励社会

参与”的多层次、多元化投资机制。金东区、龙游县等地通过拍卖采沙权，江山、桐乡等地利用淤泥制砖，文成、松阳等地通过协议出让水电资源开发权等，筹措了大量建设资金。据不完全统计，在清水河道建设投入中，全省各级财政投入仅占三成多。

据浙江省水利厅有关专家介绍，全省将用 10 年时间，把余下急需整理的 2 万千米河道全部梳理一遍，并建立长效保洁管理制度。

(2)流域水环境治理

浙江省委、省政府一直把太湖流域杭嘉湖地区水污染防治作为环保工作的重中之重，明确要求这一地区的水污染防治，目标要高于其他地区，力度要大于其他地区，要求要严于其他地区。“十五”以来，特别是 2004 年以来，全省开展了为期三年的“811”环境污染整治行动，将太湖流域作为重点，进一步加大了水污染防治力度。2008 年，省政府又部署开展“811”环境保护新三年行动(2008—2010 年)，太湖流域水环境综合治理继续作为“新三年行动”的重中之重。总的来看，在国务院的统一领导下，经过省、市、县各级的共同努力，近些年来，我省太湖流域水环境综合治理取得了一定成效，主要表现在以下六个方面：

①城乡饮用水安全保障工作得到切实加强。2005 年，省政府颁布了《浙江省水功能区水环境功能区划分方案》，进一步明确了杭嘉湖地区饮用水源地保护区范围。同时，加大了合格、规范饮用水源保护区创建力度。目前，杭嘉湖地区已创建合格、规范饮用水源保护区 35 个，服务人口达 446.7 万。杭、嘉、湖三市已于 2006 年底前取缔了一级保护区内所有直接排污口。推进水利工程建设，促进水源安全保障和水环境改善。加强水源地建设，新建老虎潭水库等水源工程，开展了合溪水库、太湖(太浦河)取水工程前期工作，促进区域供水安全保障。开展新一轮“治太”骨干工程，开通长山河、南台头、盐官下河、上塘河、红旗塘等骨干河道，加强杭嘉

湖地区河网清淤和综合整治，促进水环境改善。通过实施“千万农民饮用水工程”，改善了农村饮用水条件，进一步加强了农村饮用水安全保障。实施“千万亩十亿方”节水工程，提高农业用水效率，有利于节水防污。

②主要污染物减排取得阶段性成果。杭嘉湖各地把确保实现主要污染物减排指标作为水污染防治的首要任务。一是层层落实了减排责任。各市县都将减排任务分解落实到各有关部门和排污单位。二是着力完善和创新污染减排制度。省政府出台了一系列政策措施，有力促进了污染减排“三大体系”建设和各项减排制度的运作。三是积极实施结构调整减排、工程减排和监管减排三大类工程建设。2007 年，杭、嘉、湖三市已累计实施减排项目 238 个，累计净削减 COD0.99 万吨，杭、嘉、湖三市 COD 分别下降了 4.85％、4.97％、5.09％，均超额完成了年初预定的削减目标。

③环保基础设施建设取得突破性进展。截至 2007 年底，浙江省太湖流域已累计建成污水处理厂 39 个，污水收集管网 2385 公里，处理能力达 247.3 万吨/日，污水处理率已达 70％以上。在全省率先实施城乡一体化垃圾集中收集处置机制，已基本建立村庄保洁制度，形成平原农村“户三包、村收集、镇(乡)转运、县(市)处理”，山区农村“统一收集、就地分拣、综合利用、无害化处置”的农村垃圾收集处理模式，86％的建制镇已建成垃圾中转站，农村生活垃圾集中处置率已达 60％以上。

④工业污染治理继续深入推进。坚持“治旧”“控新”并举，切实加强污染物排放全过程控制。一方面，严格建设项目环境准入，严格执行“十不批”原则，并实行新建项目新增污染与污染减排挂钩替代制度。一般新建项目污染物新增量与减排量替代比例不低于 1∶1.2，化工、医药、制革、印染、造纸等重污染行业替代比例不低于 1∶1.5。另一方面，制订并实施了印染、化工、医药、造纸、制革、电镀 6 个重点行业的结构调整方案，加快淘汰污染重、能耗高、

效益低的企业、产品和项目。“十五”以来，“关、停、并、转、迁”的企业累计达到800多家。与此同时，全面实施排污许可证制度，已累计发放排污许可证工业企业1726家。对重点污染企业实施强制性清洁生产审核，对超标超总量排污企业实行限期治理。加强了污染源监测监控，省市县三级环保部门都建立了污染源在线监控中心，已累计有706家重点污染源建成在线监测装置。采取日常监管和“百厂千次飞行监测”相结合的污染源监管措施，切实加大违法排污企业的处罚力度。

⑤农业农村面源污染治理取得阶段性成效。2003年以来，浙江省相继实施“千村示范、万村整治”工程、农村环境“五整治一提高”工程，加快推进农业农村面源污染治理。杭嘉湖地区在这方面走在全省的前列。2005年关停了“禁养区”内所有养殖场，2006年完成了所有存栏猪500头以上规模养殖场的治理，2007年又完成了305个年存栏猪300头以上规模养殖场的治理。目前，杭、嘉、湖三市已建成51个畜禽粪便处理中心，28家有机肥加工厂。杭、嘉、湖三市畜禽粪便综合利用率均达到了80％以上。与此同时，大力开展化肥农药减量示范推广工作。到2007年底，杭嘉湖地区已累计推广测土配方施肥916万亩，农药减量增效控害技术实施面积达268.8万亩。全面开展河道清淤整治。“十五”以来，累计投入15.9亿元，整治河道8600公里，清淤量达1.2亿立方米。

⑥生态市县建设深入开展。浙江省太湖流域所有市、县(市、区)都已着手开展生态市县和生态示范区创建工作。目前，临安、安吉、平湖、桐乡、海宁、德清等县市已被国家环保总局命名为国家级生态示范区，德清县还被命名为国家级生态农业示范先进县，有16个村镇被命名为省级生态村镇。安吉县成为国家首个生态县。一些地区还积极探索异地生态补偿机制，安吉、德清、临安等县市出台相关政策，规定流域上游乡镇的企业进入县市开发区或工业园区，实现利税全部返回给这些乡镇，提高了上游地区保护环境的

积极性。各地积极开展环保“创模”活动，加强城市绿化，有效改善了城市生态环境。“十五”以来，浙江省加强了区域内森林资源、湿地资源的保护，建设了一批自然保护区；实行了重点生态公益林效益补偿制度，完成了太湖流域防护林国债项目建设任务，实施了高速公路两侧省级阔叶林发展示范工程，建成了一批优势林产品基地；结合“千村示范、万村整治”工程，加快了村庄绿化进度，建成“绿化示范村”100多个，“绿化整治村”200多个；完成了环杭州湾森林生态圈建设规划，“十五”期间全地区的绿化率得到了明显提高。

(3)湖泊生态保护

湖库是陆地水资源的重要组成部分。长期以来，浙江省湖库不仅在防洪、灌溉、渔业、发电、旅游及维系流域生态平衡等方面发挥了重要作用，而且已经成为我省重要的饮用水水源地。目前，全省近70%的饮用水水源地是湖库。湖库水环境问题直接关系人民群众切身利益，关系经济社会可持续发展，关系社会和谐稳定。近年来，特别是实施两轮“811”环境保护行动以来，全省水污染防治力度持续加大，湖库水环境质量总体保持良好，饮用水安全得到有效保障。

但是，浙江省湖库水环境形势依然严峻。经济社会发展和城乡居民生活对水资源的需求日益加大，不当开发和环境污染对湖库生态的破坏日益加重，湖库富营养化趋势明显，一些湖库已经出现蓝藻暴发现象，湖库生态安全和城乡居民饮用水安全仍然面临威胁，加强湖库水环境保护刻不容缓。各级政府和有关部门要从全局和战略的高度，充分认识加强湖库水环境保护的重要性和艰巨性，切实增强责任感和紧迫感，采取更加有力的措施，有效保护湖库水环境。

①明确总体要求和主要目标。

总体要求 以科学发展观为指导，坚持“远近结合、标本兼治，因地制宜、分类指导，科学规划、综合治理”的原则，以保障饮用水安全为重点，综合运用经济、法律、技术和必要的行政手段，加快实现从湖库自身保护为主向全流域保护转变，从各领域专项保护为主向系统综合保护转变，从水污染防治为主向保护和修复水生态系统转变，全面、系统、科学地推进湖库水环境保护，促进湖库水环境质量持续改善，让湖库休养生息，努力实现经济社会和环境协调可持续发展。

主要目标 以面积在1平方千米以上的湖泊和库容大于100万立方米的水库为重点保护对象。到2012年，湖库富营养化加重的趋势得到遏制，水质有所改善。到2020年，全省湖泊水质都要优于Ⅳ类，富营养化程度明显下降；水库水质都要优于Ⅲ类，营养状态低于中度营养水平，逐步恢复湖库集水区山清水秀的自然风貌，形成流域生态良性循环、人与自然和谐相处的宜居环境。

②全面落实湖库水环境保护各项任务。

第一，深入推进工业污染防治。加快工业结构调整优化，湖库上游地区要优先发展高新技术产业和其他无污染产业，严禁新增各类污染项目。加快湖库敏感区域污染企业的关停和搬迁，促进这些地区经济结构优化升级。严格执行环境影响评价和“三同时”制度，落实建设项目环保审批“十个不批”原则，提高环境准入门槛。重点湖库流域内的土地利用规划和区域、流域开发利用规划，以及工业、农业、畜牧业、林业、能源、水利、交通、城市建设、旅游、自然资源开发的专项规划，按规定开展规划环评工作。凡未按规定进行规划环评的，各级环境保护行政主管部门不得受理新增水污染物排放量的建设项目环境影响评价文件。在湖库集水区内全面实施排污总量控制制度，禁止新、改、扩建向湖库集水区增加排放含氮、含磷污染物的项目，禁止在湖库集水区内新设直接入河排污口。严格执行排污许可证制度，禁止无证排污、超标或超总量排污。

第二，加强生活污染控制。一要加快推进城镇污水处理设施建设，有条件的地方要实施环湖截污。二要加快推进农村生活污水治理。因地制宜采取集中式、分散式等方式，加快推进农村生活污水处理设施建设。三要加快推进城乡生活垃圾无害化处置。湖库集水区全面推行“户集、村收、镇（乡）转运、县（市）处理”的生活垃圾集中收集处置机制。不具备集中处置条件的偏远农村，按照“统一收集、就地分类、无害化处理”的方式加以解决。湖库集水区范围内严禁填埋生活垃圾。四要有计划地引导湖库集水区人口外迁。结合实施“下山脱贫”工程，引导湖库集水区人口向城镇或湖库下游地区转移，逐步降低湖库集水区人口密度，有效缓解生产生活带来的环境压力。

第三，有效控制农业面源污染。一要大力发展循环农业。以减量化、无害化和资源化为方向，转变农业发展方式，加快形成“资源—产品—废弃物—再生资源”的循环农业模式。二要大力整治畜禽养殖污染。科学划定湖库集水区范围内的畜禽禁养区、限养区，合理确定畜禽养殖规模。新、改、扩建的规模化畜禽养殖场（小区）必须严格执行环境影响评价和“三同时”制度。加快推进规模以下养殖户和散养户的污染治理，鼓励散养户建设沼气池等治理污染，积极引导散养户向养殖小区集中，大力推广建设净化沼气工程。进一步加大畜禽养殖场环保执法力度，有效制止直排、漏排等环境违法行为。湖库集水区禁养区内各类畜禽养殖场必须关闭或搬迁；限养区内年存栏猪 50 头以上、存栏牛 5 头以上畜禽养殖场（户）排泄物治理必须全面完成。其他畜禽养殖场要建设完备的畜禽排泄物治理设施，制定落实长效管理措施，确保污染治理设施稳定有效运行。三要加快实施化肥农药减量增效工程。加强对农民的技术服务和指导，普及科学施肥和施药技术。全面推广测土配方施肥，鼓励使用商品有机肥，有效控制化肥施用量，大力推进商品有机肥替代化肥工程，鼓励使用缓释肥料。积极发展节水农业、节水灌溉，降低肥料流失率。推广病虫害综合防治、生物防治和精准施药等技术及生物制剂，严禁使用高毒、高残留农药，选用高效、低毒、低残留农药。湖库集水区内测土配方施肥、农药减量增效实施面达到 60%以上，化肥、农药施用量分别下降 5%和 15%。

第四，强化渔业养殖污染控制。一要积极发展保水洁水渔业。通过人工放养鲢鳙鱼等滤食性鱼类，增殖保护土著水生生物资源，改善水域生物群落组成，保持水体生物链平衡，消耗水中富营养化物质。二要及时修编并严格实施水产养殖规划。饮用水水源湖库内禁止从事投饵养殖，一级饮用水水源保护区内禁止从事网箱养殖，集水区内严格限制特种水产养殖。同时，根据湖库水质保护要求和水体承载能力，优先规划发展滤食性鱼类，并采取清退外荡珍珠养殖、限制投饲网箱养殖等措施，确保湖库依法开展健康养殖、清洁养殖，改善湖库水质。三要加强湖库渔业管理。根据湖库水质保护需要及鱼类生物资源状况，采取延长禁渔期、扩大禁渔区的办法，科学合理确定捕捞规格和捕捞品种，保护野生鱼类自然繁衍，改善湖库原生态水生生物系统，促进湖库水质好转。同时，依法严厉打击炸鱼、毒鱼、电鱼等破坏渔业资源和湖库生态的不法行为。

第五，加强旅游和船舶污染控制。科学规划湖库旅游业发展，根据环境承载能力，适度开发旅游资源，防止超环境容量过度发展。对农家乐等休闲旅游业，要统筹规划、加强管理，防止无序发展。在饮用水水源湖库内，严格控制旅游开发活动；在饮用水水源一级保护区范围内，禁止新上旅游开发项目，禁止设置游泳区，已建的旅游设施要限期拆除；二级保护区范围内，严格控制新上旅游开发项目，已建排放污染物的旅游设施要限期拆除或关闭。加强湖库旅游业的规范化管理，旅游开发项目必须严格执行环境影响评价和“三同时”制度，湖库集水区内所有宾馆、旅游度假村以及农家乐饭店必须配备污水处理设施，废水经过处理达标后排放。加强船舶污染防治，全面取缔挂浆机船，所有进入湖库的机动船舶要按照标准配备相应的污染防治设备，实现污水、垃圾零排放。湖库旅游客运码头、渡埠等船舶集中停泊区域要配置污水、垃圾岸上接收存储设施设备，船舶污水和垃圾要收集上岸运至湖库集水区外处置。

第六，加强生态保护与修复。一要优先实施水岸带湿地保护和恢复工程。积极开展湿地保护示范工程建设。在湖库主要支流、河口、水岸带，积极推广建设生态湿地系统，种植浮水、挺水、沉水植物，加快营造水生植物带。实施湖库堤防改造、植物配置工程，提高水陆交换能力。因地制宜配置和改造农田林网，加强村庄绿化。禁止填河造地、围湖(库)造田、围湖(库)养殖等缩小湖库水面的行为。二要加强水土流失防治。大力开展生态清洁型小流域建设、湖库源头水涵养林和生态公益林建设，有计划地实施退耕还林，禁止采用全坡面全垦方式整地造林。湖库集水区内禁止采矿、采石、取土、挖沙等活动。直接从江河、湖泊或地下取水并须申请取水许可证的新建、改建、扩建项目，必须开展水资源论证工作。凡未进行水资源论证的，受理机关不得受理取水许可(预)申请。三要积极开展湖泊底泥生态疏浚。深入实施“万里清水河道”工程，建立湖库和河道保洁长效管理机制，有效削减湖库污染负荷。

第七，加强预警应急体系建设。一要加强水环境监测监控。各级政府要统筹协调，整合监测资源，优化监测网络，建立包括水质、水情、气象等信息在内的水环境信息共享平台，对湖库特别是饮用水水源湖库以及水厂取水、制水、供水水质实施全过程监控。配置藻类监测设施，在藻类易发期，扩大监测范围、加密监测频次、增加监测项目，密切跟踪湖库藻类发生、发展的变化情况。二要加快建设水环境预警体系。在全面建成地表水水质自动监测系统的基础上，进一步推进重要湖库特别是饮用水水源湖库水质自动监测站建设，推广建设水质安全在线生物预警系统，加快建成全天候实时监测的湖库水环境质量监控体系。同时，加快建立湖库水环境预警指标体系和预警信息统一发布制度，为湖库水环境安全预警提供保障。三要建立健全水环境保护应急体系。各级政府及有关部门要进一步建立健全突发水污染事件和藻类防控应急预案，落实应对藻类暴发的各项应急措施，强化危险化学品运输等流动源的污染事故防范和应急措施，全面提高水环境危机应对处置能力。自来水厂要加强应急物资和技术储备，切实增强应对藻类暴发的制水、供水能力，确保城乡供水安全。

(4)湿地生态保护

湿地是人类最重要的环境资源之一，也是自然界富有生物多样性和较高生产力的生态系统。它不但具有丰富的资源，还有巨大的环境调节功能和生态效益。各类湿地在提供水资源、调节气候、涵养水源、均化洪水、促淤造陆、降解污染物、保护生物多样性和为人类提供生产、生活资源方面发挥了重要作用。

《浙江省湿地保护条例》明确规定县级以上人民政府林业主管部门应当建立湿地保护档案，保存湿地资源调查、监测、评估以及保护、管理、研究等工作中获得的各项成果、数据和资料。

湿地管理机构应当履行下列职责：

①贯彻执行有关湿地保护的法律、法规、规章和政策；

②制定并实施湿地保护和管理的各项制度；

③对湿地资源进行调查和监测，并采取相应的保护措施；

④建立湿地保护和管理档案；

⑤完善湿地保护基础设施建设；

⑥开展湿地宣传、科普工作；

⑦劝阻、制止、报告并配合有关部门查处湿地违法行为；

⑧其他与湿地保护和管理相关的职责。

湿地内禁止下列行为：

①设立开发区、工业园区；

②擅自开垦、烧荒、填埋湿地，采石、采沙、采矿、开采地下水；

③擅自采集野生植物，放牧，猎捕野生动物，捡拾卵、蛋；

④破坏鱼类等水生生物洄游通道，用法律、法规禁止的方式捕捞鱼类及其他水生生物；

⑤擅自向湿地引进外来生物物种；

⑥向湿地投放有毒有害物质，倾倒固体废弃物，擅自排放污水；

⑦擅自排放湿地蓄水或者修建阻水、排水设施；

⑧毁坏湿地保护设施；

⑨其他破坏湿地资源的行为。

6.4.3 河湖补水和跨区域引调水

如何让浙江的河道水系恢复生机？从生态修复角度讲，可从以下几方面着手：一是建设生态河道，连通河湖水系，增加水的流动性。特别要打通因城镇、交通建设中不注重水域保护而造成的大量断头河，消除“死角”，避免因水体不流动，让水质恶化，排涝受阻；二是及时给河湖补水，实施跨区域引调水，增强水体自净能力。如杭州每年引水入城超10亿立方米，来改善西湖、西溪、中东河、运河的水体水质；实施中的浙东引水工程在发挥保供水功能的同时，又改善了浙东平原水环境；三是要严厉打击偷排污水、偷排泥浆、非法采沙、非法占用水域等非法行为；四是建立河道清淤、保洁长效机制。定期清淤，无害化处理淤泥、垃圾；实行河道物业化管理全覆盖。

治好污水，达到水功能区水环境功能区的要求，就等同于为全省各地新增了大量可用水源。今后农业用水就可以逐步转向河道取水，工业用水也可依靠河道、河网就近取水，减轻湖库供水的压力。只要全省的河网水体水质好转，保供水的压力就会明显减轻。治污水，很大程度上为保供水创造了有利条件。

(1)浙东引水工程应急供水

浙东引水工程旨在解决浙东萧绍宁舟地区的水资源短缺问题。这是确保环杭州湾地区水资源平衡、合理调配水资源工作的一个重要组成部分。

浙东引水工程于1971年大旱之后首次提出。经多次规划论证,确定了浙东地区水资源配置的总体思路:以富春江引水至萧、绍、宁,曹娥江引水供宁波等,形成分源配水、分质供水的水资源配置格局;遭遇较大干旱年份,首先保证生活和重要工业用水。工程建成后将形成统一的浙东地区水资源配置网络,实现水资源质和量的优化调配,为浙东地区的经济社会可持续发展提供强劲的水资源保障。整个引水工程主要由富春江引水枢纽及输水河道、曹娥江大闸、曹娥江上游水库、曹娥江以东配套输配水建筑物及河道等工程组成。

在浙南地区,近几年温州向洞头供水工程、象山县白溪引水工程、乐清永嘉楠溪江引水工程等相继建成投入运行,使这些地区实现跨地区、跨流域调水,传统旱区的生活、生产供水得到了基本的保障。

而受旱情影响较大的浙中地区,除海拔较高的山地灌区外,大多数灌区的农作物暂时用水无忧。通过10年左右的"千库保安"工程建设,浙中灌区范围内大小水库蓄水能力较前些年有所提高,在防汛抗旱时期发挥出积极主动的骨干作用。

(2)浙东引水工程试通水

浙东引水工程试通水是利用已建的浙东引水工程,结合区域内现有水利工程体系,引富春江水至慈溪市,并兼顾改善沿途萧绍平原河网、虞余慈北部平原河网的水环境。由于萧绍宁平原河网密布、水体污染较重、水流规律十分复杂,浙东引水工程涉及多个流域、多个行政区、多个不同水级的河区及多项水利工程,是一项相当复杂的系统工程。试通水的主要目的是分析浙东引水工程的实施效果，评价工程引水能力、引水水量和改善平原河网水环境的效果；完善浙东引水工程调度运行方案，为下阶段进一步完善切实可行的浙东引水工程调度运行方案、水资源统一调度原则等奠定基础；考察工程的运行状况，进一步完善工程建设内容，确保工程今后长期运行的整体稳定性和可靠性。试通水时间为20天。

为做好这次浙东引水工程试通水工作，浙江省政府高度重视，省政府办公厅于2013年2月26日专门对各有关市县和省级有关单位下发了关于认真做好浙东引水工程试通水工作的通知，要求加强领导，统一认识；属地管理，统一调度；明确责任，抓好落实；确保试通水工作顺利安全有序进行。浙江省水利厅专门成立了浙东引水领导小组，下设领导小组办公室、调度运行组、水量水质监测组、安全应急组，明确了具体工作机构组成成员、工作分工，工作职责，全面开展工作。浙东引水工程领导小组办公室组织编制了浙东引水工程试通水方案，试通水工作严格按照方案进行。

浙东引水工程是浙江省钱塘江河口地区重大水资源优化配置工程，对于促进浙东地区海洋经济发展和整个经济社会可持续发展有着十分重大的意义。

6.5 近岸海域污染治理

浙江海洋环境形势严峻，根据2012年监测数据，近岸海域中Ⅳ类和劣Ⅳ类水质比例达到50%以上，Ⅲ类水质约占10%，近岸海域水体呈中度富营养化状态，生物多样性和丰富度已受到明显影响，部分海域贝类生物体内时有重金属超标，以杭州湾、乐清湾的海域水质状况最为严重。浙江省下一步将重点实施《浙江省近岸海域污染防治规划》，明确总投资额为1423亿元，建设230个重点项目用来防治近岸海域污染。杭州湾、台州湾、象山港、乐清湾和三门湾作为重点整治区域。其中，杭州湾和乐清湾污染综合整治方案都已印发。

6.5.1　海水养殖污染防治

浙江省海水养殖业发展迅速，在海洋经济中占重要地位。但是，由于缺乏科学规划、布局不合理和局部海域养殖密度过大，加上残饵、排泄废物、有机碎屑等富集养殖场基底，导致底质环境恶化，出现了各种生态环境问题。随着养殖业的继续发展，水产养殖污染的影响将呈进一步加重的趋势，2007 年，浙江省海洋与渔业局制定了《浙江省水域滩涂养殖证管理办法》，对加强浙江省水域、滩涂水产养殖管理，保障养殖生产者合法权益，规范养殖证管理起到了积极的作用。

(1)浙江省海水养殖业存在的主要问题

①水域、滩涂资源利用和综合开发水平较低。目前，浙江省海水养殖开发仍多局限于风浪相对较小的内湾水域和滩涂，深海水域及多数开阔型海岸的浅海滩涂未能得到有效利用，导致总体布局不合理。其次，浅海滩涂养殖在各区域内养殖种类单调，养殖模式及管理技术落后，粗放式养殖仍占据较大比例，综合效益低，养殖自身污染较为严重。此外，某些集约式养殖项目虽有所发展，但自动化程度不高。

②近岸生态环境不断恶化。随着浙江经济的快速发展和人口的增长，工业废水和生活污水的排放量与日俱增，然而环保设施建设滞后，所排放的废水得不到有效处理，造成近岸海域尤其是河口区等重要养殖水域污染加重。一些水产养殖企业自身环保措施薄弱及水域滩涂养殖开发管理不尽完善。有的采用超容量开发，不注重养殖布局和养殖模式的优化，造成明显的自身污染。

③水域、滩涂资源的综合管理及管理机制不完善。浙江海洋综合管理起步较晚，其法规体系不够健全，海洋资源的开发利用缺乏统一规划，各行业、各部门之间用海矛盾比较突出，造成了自然

资源的浪费。此外，某些沿海地区对浅海滩涂养殖区缺乏合理的规划，管理也不完善，过度开发已引起养殖环境的恶化。

④养殖渔业环境监测及病害防治体系有待健全。目前，广东省虽已初步建立了海洋与渔业环境监测网络，但监测、监视、预报和救助等保障体系仍不完善，渔业病害防治网络也很落后，已成为制约养殖生产发展的主要因素之一。

(2)近岸海水养殖污染防治对策

①强化养殖海域环境管理。各级渔业行政主管部门应依法管理，强化监督管理，对违法造成养殖海域污染的行为依法查处；并坚决杜绝执法过程中的随意性和人为因素；对干扰执法的违法行为，予以制裁。

应加大投资力度，进一步加强对近岸养殖海域环境的保护，从基础抓起，加强环境监测工作，保护好渔业环境和资源。同时，进一步加强环境污染防治研究，有针对性地开展水体富营养化的形成原因和赤潮防治机理等专题研究，以加强技术储备，为决策部门提供服务。另外，还应做到环境监测与养殖生产相结合，把环境监测结果应用到养殖生产中，为生产服务。

同时，以雄厚的海洋科技力量为依托，组织辖区内的渔业海域环境监测和污染事故调查，及时掌握近岸养殖海域生态环境的物化和生物特征的变化趋势；并建立海洋环境监测信息网络系统，以及时查询和传递数据，保证养殖海域环境管理工作的正常、有效开展。

②合理布局，发展生态养殖。渔业要持续发展，就必须优化产业结构，从根本上解决海水养殖业的自身污染问题。应采取科学养殖技术及配套管理措施，如养殖区的合理布局，发展深水区养殖，改善养殖品种，养殖品种的合理搭配，立体生态养殖等，以最大限度地发挥渔业生产和生态环境的相互促进作用。

发展水产品科学养殖首先应从繁育优质健康苗种做起。苗种是水产养殖业的基础。种质基因良好的、没有退化的、抗病力强的、有一定遗传稳定性的无疫病的优良苗种，可使其在养成过程中少发生病害，减少用药，使药物残留及各种有害微生物数量减到最低的限度。但苗种的选育过程一般费时长、费用大，只有具有一定专业水准的水产科研机构才能进行。因此，各级渔业行政主管部门应采取有效措施，积极引导、大力扶持有关水产科研单位，开展对水产养殖良种的引进、选育、自繁自育和提纯复壮工作，培育抗逆性强的优良品种。同时要加强对各育苗场的监督管理，使其严格按照有关规定从事苗种的生产，提倡“健康育苗”“无病毒或无菌育苗”，即在整个育苗过程中严格选择亲体，科学合理地运用各种促熟产卵技术，严格控制水体中细菌病毒和其他有害微生物的数量，使其降到最低程度。再者，对水产养殖对象进行免疫接种是控制其疫病暴发的行之有效的方法，加强对免疫疫苗、菌苗、接种方法的研究，也是当务之急。

促进水产品科学养殖，就要积极推广健康养殖模式，实施健康管理。当前，许多水产养殖模式多是从追求产量和效益出发，品种搭配不够合理，养殖模式单一，密度过大，结果非但达不到高产高效的目的，反而造成了自身养殖环境的恶化，导致疫病蔓延。因此，在引进、培育、选育适于高密度养殖品种的同时，更要加强对其养殖生态学的研究。在确定合理的品种搭配结构及养殖密度的同时，研究如何通过增氧、生物净化沉淀、过滤、脱氮、曝气等水质处理技术，有效调控水质，以通过实时水质监测、净化等手段，为养殖品种提供适宜的生态环境。同时，还要鼓励科研单位加强对养殖设施及其总体规划的研究，提高养殖综合效率，通过水质净化和循环使用，减少对水资源的消耗和对水环境的不良影响，真正做到健康养殖。

饲料是水产养殖的物质基础，是影响水产养殖效果和环境生态效益的一个重要因素。各养殖品种因其特性不同对饲料的营养需求也不同，并且同一品种在不同的生长阶段对饲料的营养要求也不尽相同。而饲料质量不仅决定了饲料本身的转化效率，而且对养殖环境也有一定的影响。目前，我省对各主要养殖品种的营养需求的基础研究还不够，对饲料生产行业的监督管理不够严格，致使不少饲料产品的营养成分、利用率、有害微生物含量等方面不合要求，与国外同类产品质量差距较大。由于劣质饲料的营养组成与养殖鱼类的营养需求有较大的差距，以及在水中的稳定性差、转化效率低、饲料系数高等原因，不仅影响了鱼类正常生长，也造成了养殖水体中各种有机物的大量积累，恶化了鱼类的生长环境，增加了病害发生的机会。此外，养殖生产中饲料多采用人工投喂，技术粗糙，随意性大，常常造成饲料的浪费和养殖环境的恶化。鉴于以上原因，有关部门应加大对水产科研单位的支持力度，鼓励其积极学习、借鉴国外水产饲料成功经验，加强对水产养殖营养学的研究，开发渔用高效无公害饲料，同时加强对养殖品种摄食行为学的研究，通过掌握不同鱼类的摄食习性，进行科学投喂，提高饲料的利用率，减少对水体环境的污染。此外，还要研究和推广现代化的饲料投喂技术与装置，在保证鱼类正常生长需要的同时，避免由于人工投喂技术粗糙、随意性大而造成的对饲料的浪费和对养殖环境的污染。

6.5.2 港口污染防治

由于大部分船舶污染事故都发生在港口或者近海，这不仅是因为在港口有许多复杂的情况，更因为大部分船舶事故都是人为原因引起的。

(1)港口水污染主要表现和危害

①石油是港口水域的主要污染物。港口石油污染主要是由于油船在装卸过程中溢漏及船舶碰撞、搁浅等造成的。石油漂浮水面，使溶解于水的氧减少，另一方面分解水中的石油又要消耗大量

的溶解氧(每分解 1 升石油要消耗约 40 万升水中的溶解氧),从而影响水生生物的生长。石油污染对兼作饮水源的内河港口危害尤大,石油中所含的苯并(a)芘是强烈的致癌物质。

②装运有毒化学品船舶的洗舱水,能直接杀死水生生物和使人中毒。

③船舶排出的生活污水,如厕所冲水等排入港口,能传播许多疾病。

④船舶排出的生活垃圾含有有机质和病菌;清舱垃圾有的含有毒物质,如杀虫剂等。

⑤装卸过程中漏撒的粉尘能降低水的透明度,有毒粉尘还能直接杀死水生生物。

(2)港口污染物的治理

①对含油污水的处理。对船舶排放的含油污水通常采用船用油水分离器进行分离。目前使用的油水分离器都是利用油水比重差的原理进行油水分离。为了使小油珠结合成大油珠以加速上浮,常利用机械或化学材料制成粗粒化器;为了提高水质处理效果,有的还使用活性炭或聚丙烯纤维吸附装置。

②含毒洗舱水的处理。岸上设污水处理厂,一般采用化学沉淀、离子交换、离子浮选、过滤、吸附、深井注入、密封弃入深海(放射性废渣)等方法处理。

③生活污水的处理。在船上设污水处理装置,常用的处理方法有生物化学法和物理化学法两种。前者是用需氧生物分解污水中的有机物;后者是用固体分离、固体消毒后排放。

④船舶垃圾的处理。不论固体垃圾或液体垃圾均可在船上设焚烧炉烧掉,一般船用焚烧炉的排气灰尘每立方米不超过 4g。对卸货后的大量垃圾,由港口接受站分类处理。

6.5.3 重要海湾海域污染防治

浙江省在重要海湾海域污染防治方面的措施主要有：坚持陆海统筹，深入实施浙江省近岸海域污染防治规划，杭州湾、乐清湾污染综合整治方案，有效遏制了海洋生态环境恶化趋势。积极开展象山港、三门湾和台州湾区域污染整治。加快建立海洋生态补偿和生态损害赔偿制度，加强渔业资源保护，开展海洋生态修复工程，推进海洋自然保护区建设，切实提升海洋环境风险处置能力，对沿海石油、化工、冶炼等企业定期开展安全查检，消除环境安全隐患。合理开发和科学利用滩涂资源，切实加强滩涂围垦区生态保育建设，确保围垦区水面率达到12%以上。

为保护海洋环境质量和控制污染发展，宜采取有关战略措施：

(1)合理划分海域环境功能区，处理好海域和陆上污染源的关系，制订综合的水质保护规划。

(2)控制和减少污染物入海量，逐步实行污染物排放总量控制，重点控制石油烃、重金属类和耗氧有机污染物的排放量和入海量。加强沿海重点污染源的治理和沿海城市污水处理。

(3)合理利用海域自然净化能力，选择最佳排污口位置，确定科学排放方式。按安全、合理、科学、经济的原则，选划海上倾废区，严格管理海洋倾废活动。

(4)合理调整工业布局，一、二类海区不应再建有严重污染的新厂和建立新排污口；对原有企业应有计划地进行调整。沿海开放城市的新建、改建、扩建工程，要严格履行《建设项目环境保护管理办法》。

(5)建立海上污染损害应急措施体系，重点是对海上事故性溢流油的清除应急措施。制订包括省级、部门、地方多层次应急计划；建立快速、高效的应急组织，配备应急的设备和器材，出台相应的法规。

第 7 章

自我救赎——保护我们的生命之水

“有河皆会干，有水皆会污”，是我们没有办法回避的事实，从后果来说，这样的情况影响了各地人民的日常生活；从深层次的成因来说，它反映了我国在经济发展、社会变迁过程中，粗放型发展所带来的负面影响。这样的后果，要形成很容易，要解决却要花上千万倍的努力。因此，保护生命之水，是我们谈水问题时绝对绕不过去的一环。

7.1 珍惜水资源，保护水环境

据资料统计，地球表面虽然有 71% 的面积被水覆盖，但其中海洋咸水占了 97.1%，除去地球两极的冰山，人类容易利用的淡水仅占地球总水量的极小部分。然而，随着社会生产力的极大提高和经济规模的不断扩大，人们对水的需求越来越大，再加上水资源的巨大浪费和水污染问题，让缺水成为了一个很严峻的问题。如何保护水环境促进水资源的可持续发展对我们非常的重要。

7.1.1 提高全民水资源和水环境保护意识

随着经济社会发展步伐的加快，人们逐步开始意识到，水并非取之不尽、用之不竭，如果不正视水匮乏的现实，必将阻碍经济社会的发展，甚至威胁人类的正常生存。为此，我们应以审慎的态度，改变用水的传统模式，从社会的每个领域，从生活的每个环节，科学合理地使用新材料、新方法、新技术，将珍惜保护水资源变为人们自觉的行动。

在工业用水方面，通过合理调整工业布局和工业结构，使用节水型新技术、新设备、新工艺，先进的水处理技术，强化企业内部用水管理和建立三级计量体系，强化用水定额管理；提高工业内部循环用水和水的重复利用率，以水循环促进经济循环发展，实行污染物排放总量控制。

在农业种植用水方面，要通过合理调整作物布局，种植需水与降水耦合性好的作物和耐旱、水分利用率高的作物品种，提高作物对降水的有效利用，实现作物节水。通过修建渠道、衬砌防渗和低压管道输水，减少输配水过程中的渗漏蒸发损失，提高渠系水利用系数；采用喷、滴灌和微灌等先进的节水灌溉技术，从浇地向浇作物转变，提高灌溉水有效利用率，来实现工程节水。通过实施激光平地、地膜覆盖、耕作保墒、覆盖保墒等技术，减少田间的无效蒸发和渗漏损失，提高作物根系层土壤蓄水、保水能力，提高农田水分生产效率，减少田间需水量，实现非工程节水。

在城市公建和住宅建设方面，确保新建、扩建、改建项目的节水设施与主体工程同时设计、同时施工、同时验收使用。中水供水管网与建筑室内外配套工程同步完成，卫生洁具选用节水型产品。施工中砌墙使用水池浇砖；混凝土养护，使用浇一次水用麻袋苫盖或农用地膜包裹方式保湿养护，或涂抹养护剂等。

在城市绿地用水方面，管理实施定期定量，提高水的有效利用率，减少用水量；种植的品种选择耐旱、生态效益好、易养护、适应性强的乡土树种，草坪绿地选择耗水量小、维护费用低的品种；浇灌绿地根据植物需水特点，对浅根系植物采取提管散浇灌，对新栽树木采取穴浇法，对常绿植物采取喷淋法；在绿地建雨水储存设施，提高雨水的利用率。

在日常生活用水中，积极推广生活节水小窍门，从节约点滴水做起，如倡导大家在日常生活中坚持“四个少”：刷牙少用一口水，洗脸少用一杯水，洗浴少用一盆水，平时少用一滴水，如用水时把水龙头开小一些，使用器皿清洗，蔬菜先择捡后再清洗，用洗菜和淘米的水浇花草；碗筷集中在一起洗；洗澡时不要始终开着淋浴喷头，洗衣服的水用来洗拖把、冲厕；小件少量衣物最好手洗，避免用洗衣机洗耗费大量的水；洗刷时少用洗涤剂和清洁剂，减少水污染；漂洗衣服的水可以擦地板，擦完地板的水可以冲厕所；在水的使用上由单用变为多用，实现用水效率的最大化。

7.1.2 综合开发地下水和地表水资源

地下水和地表水都参加水文循环，在自然条件下，相互转化。由于这种转化关系，在一个地区开采地下水，可以使该地区的河流径流量减少20%～30%。所以只有综合开发地下水和地表水，实现联合调度，才能合理而充分地利用水资源。

地下水资源的可持续利用战略必须遵循地下水资源本身的客观规律，在查明含水层系统的地质结构、富水性、地下水补给、径流、排泄条件、动态变化和水化学变化以及开采约束条件的基础上，尽可能合理优化、科学地确定地下水在永续利用和环境的永续优化条件下的开采地段、开采层位和开采量。从供水角度看，地下水是流域城镇和农村居民饮水的主要水源，应充分发挥地下水的优势，把有限的地下水资源纳入合理开发、科学管理的轨道，确保地下水资源的持续利用。具体措施如下：

(1)加强地下水水源地储备，从无序应急供水向有序应急供水转变；

(2)改善地下水缺乏地区群众生产生活用水条件，实施扶贫找水工程；

(3)坚持开发利用与保护相结合，建立地下水资源保护带，加强地下水环境动态监测，防治地下水污染，建立并完善地下水资源信息系统；

(4)普及有关城市地下水资源的知识，加强城市地下水资源的管理，建立城市地下水资源的可持续利用的科学系统和群众基础；

(5)调整产业结构，合理配置地下水资源，以经济手段为杠杆，辅以行政手段，对各地区的地下水资源进行有效控制；

(6)加强灌区地下水资源的评价与预测工作，灌区地下水参与水循环积极，是个动态资源，应进行实时预报并实施有关的生态工程；

(7)调整开采布局，扩大咸水改造和利用，逐步实施深层含水层的恢复工程。

7.1.3 实现污水资源化

污水是一种不可忽视的潜在资源，应加大投入，提高其利用价值，既能减少地表水用水的压力，又能减轻对地下水的污染。目前，世界上很多国家已经将污水资源化，如以色列的生活污水回用率高达100%，城市废水回用率为72%。污水的回用分为直接回用和间接回用。直接回用一般将适当处理的水，不经过天然水体缓冲、净化，直接用于灌溉、工业生产、水产养殖、市政、景观娱乐和生活杂用等。间接回用，即将适当处理的污水或废水有计划地经过天然缓冲、自然净化、人工回灌等使废水再生。间接回用一般需要经历较长时间，需要较大的空间和环境容量，但其费用相比自来水仍然较低。直接回用最典型的例子是“中水”的利用。目前，松花江流域各省都加紧进行着污水资源化的运作，如辽宁省已加大城市污水处理厂的中水回用力度，计划新开工建设的69座污水处理厂将配套建设中水回用工程，实现中水回用率超过20%。

7.2 加大水污染的综合防治力度

水污染综合防治是指从整体出发，综合运用各种措施，对水环境污染进行防治，包括城市水污染综合防治和整个水系的水污染综合防治(或某一水域的污染综合防治)。

7.2.1 水污染综合防治的必要性和迫切性

水污染综合防治的必要性和迫切性集中体现在两个方面：一是水资源紧缺、供需不平衡的矛盾突出，而水环境污染严重使这一矛盾更加突出，迫切需要解决；二是以点源治理为基础的排污口净化处理，不能有效地解决水污染问题，必须从区域或水系的整体出发进行水污染综合防治，由点源治理的尾部控制过渡到源头控制，才能从根本上控制水污染。

7.2.2 水污染综合防治的基本原则

搞好废水处理是保护环境、控制污染的一项根本措施。废水处理应符合国家制定的环境保护法规和方针政策，同时还要考虑本地区的环境质量要求。把治理废水和生产工艺、环境保护联系起来考虑，通过系统分析，寻找出经济合理的处理方案。其主要原则如下：

(1)改革生产工艺，实施清洁生产

从“人类—环境”系统和“经济—环境”系统来分析，人类的发展活动，特别是经济再生产过程是矛盾的主要方面。人类生态系统中水循环有两个方面，一方面是自然水循环，另一方面是社会用水循环(工农业生产用水和生活用水)。在水循环过程中要保证安全用水界限，并尽可能不降低水的质量，就只有对经济再生产过程进行调节和控制，包括转变经济增长方式、调整经济结构，特别是要调整工业结构和改善工业布局以及推行清洁生产等。当前，调控手段和方法还很难做到完全不产生污染、不排放污染物。所以，还需要有污染治理措施，两者相结合。

废水和其中的污染物是一定的生产工艺过程的产物，改革生产工艺过程，实施清洁生产，利用无污染原材料，经过清洁生产过程，生产出清洁产品，就可能做到不排或少排废水，排出危害性小的或浓度低的废水。这样，就从根本上消除或减轻了废水的危害。例如：粮食加工厂采用干洗代替湿清洗，就不会产生洗粮废水；采用无氰电镀工艺代替有氰电镀工艺，可使废水中不再含剧毒物质——氰；电镀采用逆流漂洗工艺，可大幅度减少废水量；采用干法除尘代替湿法除尘，就不会生产含尘废水。

(2)加强管理，实行清浊分流

在水污染综合防治过程中，应坚持技术措施与管理措施相结合。在规划、评价的基础上选定技术方案可以避免盲目性；技术方案实施后只有加强管理，才能使技术措施正常运行，获得良好的效益。具体来说，应加强生产管理，保护设备、管路完好率，防止跑、冒、滴、漏，杜绝人为地加重废水污染，同时要加强对废水的管理，防止乱排乱倒，杜绝人为造成的废水危害。值得指出的是，对大部分企业而言，受到严重污染的废水通常只占全厂废水的一小部分，因此使废水清浊分流，便于对不同性质的废水进行回收与处理。

(3)提高水的循环利用率

水是一种宝贵资源，我国许多城市都存在水资源不足的状况，因此应尽量使废水循环利用，一水多用，这样既降低了生产用水量，又减少了废水外排量，从而减少了废水处理规模和投资。

(4)综合利用，化害为利

在压缩排污量后，仍会排出一定量的废水，其中的污染物质都是在生产过程中进入水内的原材料、半成品、工作介质或能源物质。排放这些污染物，就会污染环境，造成危害；但如果加以回收，便可变废为宝，化害为利，还可节省水处理费用，如从造纸废水中回收纸纤维，从含油废水中回收油品，从酸洗废液中回收酸、硫酸亚铁、氰化铁等，从含酚废水中回收酚钠等。这样既回收了有用物质，也降低了废水的污染浓度，有利于净化处理。因此，在水污染治理工程中，应坚持生态工程与环境工程相结合，利用生物治理技术，设计合理的工业链和合理的工业用水循环等都是有效的生态工程，但要与环境工程相结合才能发挥更大的作用。

(5)净化废水，力求经济合理

废水经回收利用后，通常在水中仍残存一定量的污染物，对这些废水要进行净化处理，当达到无害化要求时，才容许排放。净化处理方式很多，是采取集中处理还是分散处理；采用局部处理还是统一全部处理；采用哪种处理方法更合适。这就需要进行多方案的技术经济比较，以确定一个技术先进而又经济合理的方案。在水污染治理工程中，应坚持污染源分散治理与区域污染集中控制相结合。污水综合排放标准规定的第一类污染物必须由污染源分散治理达标排放，对于小型工业企业可以采用污染治理社会化的方法去解决，对于其他的污染物应以集中控制为主，提高污染治理效益，将两者结合起来。此外，在水污染治理工程中，应坚持合理利用环境的自净能力与人为措施相结合。排海工程、排江工程、优化排污口的分布都是合理利用水环境自净能力的措施；但要从整体出发进行系统分析。土地处理系统，排江、排海工程，一级或二级污水处理，氧化塘等各种措施要优化组合。

7.2.3 水污染综合防治的主要对策

(1)合理开展水环境功能分区

根据水环境的现行功能和经济、社会发展的需要，依据地面水环境质量标准进行水环境功能区划是水源保护和水污染控制的依据。例如，地面水环境质量标准将水域按功能分为五类：Ⅰ类主要适用于源头水，国家级自然保护区；Ⅱ类主要适用于集中式生活饮用水水源地一级保护区，珍贵鱼类保护区，鱼虾产卵场等；Ⅲ类主要适用于集中式生活饮用水水源地二级保护区，一般鱼类保护区及游泳区；Ⅳ类主要适用于一般工业用水及人体非直接接触的娱乐用水区；Ⅴ类主要适用于农业用水区及一般景观要求水域。

①原则与方法。划分原则是集中式饮用水源地优先保护；水体不得降低现状使用功能，兼顾规划功能；有多种功能的水域，依最高功能区划类别；统筹考虑专业用水标准要求；上下游区域间相互兼顾，适当考虑潜在功能要求；合理利用水体自净能力和环境容量；考虑与陆上工业合理布局相结合；考虑对地下饮用水源地的影响；实用可行，便于管理。

功能区划分方法根据因地制宜、实事求是的原则，按实测定量、经验分析、行政决策进行。第一步是收集基础资料，进行综合调查：区域自然条件调查；城镇区域发展规划调查；污染源调查；水资源利用现状和分布调查；水质监测状况调查；水利设施调查；区域经济发展状况调查；水污染现状和管理措施调查。第二步是现状评价，综合分析：在掌握资料的前提下，对水环境现状进行评价，预测污染源及污水量的增长与削减，分析各类水质监控断面、点位的实测资料是否合理，是否可靠和有代表性，初步确定功能区划分方案或几种可选择方案。第三步是定量计算：在定性分析确定水体功能区的性质和类型的基础上，通过水文特征计算和水质模型建立功能区水质与污染物输入之间的相应关系，进行水质预测，具体划定各功能区的范围或选定最优方案。第四步是行政决策：对功能区水质目标可行性做出评价。如可行，则可由行政部门决策。

②按功能区控制污染，保护水资源。一是按水域功能划定保护级别，提出控制水污染的要求。如特殊保护水域，指 GB 3838-2002《地表水环境质量标准》中的Ⅰ、Ⅱ类水域，对这类水域不得新建排污口，现行的排污单位由地方环境部门从严控制，以保证受纳水体水质符合规定用途的水质标准；而重点保护水域，则是指 GB 3838-2002 规定的Ⅲ类水域，对排入本水域的污水执行《污水综合排放标准》规定的一级排放标准。二是按功能区实行总量控制。所谓总量控制是指为了保持某环境功能区的环境目标值，所能容

许的某种污染的最大排放量。所以,水环境功能区划是实施水污染总量控制的依据。

(2)制订水污染综合防治规划

制订水污染综合防治规划的主要内容与工作步骤包括:①在水环境调查评价的基础上,分析确定水环境的主要问题;②水污染控制单元的划分,根据水环境问题分析结论,考虑行政区划、水域特征、污染源分布特点,将源所在区域与受纳水域划分为一个个水污染控制单元;③提出环境目标,进行可行性论证,环境目标要有主要污染物总量控制目标和水环境综合整治各分项具体目标;④确定主要污染物削减量,以及削减比例分配方案;⑤制订水污染综合防治规划及实施方案;⑥实施规划的支持和保证,包括资金来源分析,年度计划的制订登记及排污许可证制度的建议方案,以及必要的技术支持等。

制订水污染综合防治规划必须坚持:①以经济建设为中心,有利于促进经济与环境协调发展;②以合理开发利用水资源为核心,着眼于全过程控制,通过转变经济增长方式清洁生产,把污染消除在经济再生产过程中;③全面规划、突出重点,因地制宜、讲求实效;④坚持综合整治的原则,对规划方案要进行系统分析,达到整体优化。

(3)实行排污许可证制度

实践证明,在实行排污许可证制度,对主要污染源逐步由浓度控制向总量控制过渡时,一定要结合中国目前的技术水平与管理体制,遵循下列要求:①从实际出发确定总量控制目标。②选好发证对象。发放许可证的对象主要是本地区的污染大户,一个城市抓十几户或几十户即可。要经污染源调查评价,选好控制重点。③控制污水总量。因地制宜进行计量,控制污水总量。④强化发证后的环境监督管理。⑤重视实践经验,不断提高水平。实行排污许可证制度，要先行试点总结经验逐步推广，但也应注意研究实施过程中出现的新问题，如排污指标有偿转让、排污权交易等。

(4)切实加强乡镇企业的水污染治理

乡镇企业的工业废水排放量占全国工业废水排放总量的比例虽然比较小，但乡镇企业分布广，与农业生态系统交错在一起，对耕地和河流的支流（或河网）已构成严重威胁，必须尽快进行综合防治。首先，按产业政策调整产业结构和产品结构，使污染型行业所占比例降至15%以下；其次，乡镇企业要合理布局，与农业生态系统组合成良性循环的复合生态系统；最后，对小电镀、小化工、小印染等要严加控制。

7.3 如何应对突发性水污染事故

突发性水污染事故及其造成的社会危害曾经是发达国家极为关注的焦点。1950—1960年的日本熊本县水俣湾发生甲基汞污染事件（“水俣病”公害事件），造成439人死亡，1044人健康受损。1977年，美国Love运河发生有毒废物排放事件，当地居民不得不全体搬迁。1986年，莱茵河沿岸化工厂排放的30余种有机物流入河流导致水污染，造成大量水生生物死亡，波及两岸4个国家数百万人的生活和生产。

近年来，突发性水污染事故也在我国重点流域频繁发生，如2005年的松花江硝基苯水污染事故导致哈尔滨市停水三天，还引起了中俄两国政府的关注；2008年6月云南省昆明阳宗海砷污染事故导致阳宗海水体遭到污染，严重影响了当地居民的生产生活；2009年2月，江苏省盐城市水源地遭酚类化合物污染，导致两家自来水厂关闭，数十万市民饮水受到影响。这些突发性污染事故已经从不同的视角给了我们许多严峻的警示。做好突发性水污染事故的风险评估与预警、生态影响评估、应急处置，并从源头上预防水污染事故的发生，是目前我们应对突发性水污染事件的首要任务。

7.3.1 风险评估与预警

环境风险评估与预警是流域环境管理的重要技术支撑体系，其中环境风险评估已逐渐成为发达工业国家制定环境管理决策的主要科学依据。风险管理的概念是在20世纪80年代出现的，在此之前，各工业化国家的环境管理政策目标是力图完全消除所有的环境危害，或将危害降到当时技术手段所能达到的最低水平。随着对环境内在规律认识的不断提高，以及在治理环境污染过程中所付出的巨大成本，这种“零风险”的环境管理模式逐渐暴露出其弱点。风险管理的观念就是通过权衡风险级别与减少风险的成本，着重解决风险级别与一般社会所能接受的风险之间的关系。近十年来，在许多国际组织的共同努力下，环境风险评估的方法学取得了较大发展，已经成为欧盟、美国、加拿大和日本等国家制定和修改环境管理制度的重要参考依据。

20世纪90年代初期，我国在借鉴国外研究的基础上，开始了风险评估的基础研究。国家环境保护部也要求在今后的环境影响评估中，引入风险评估的部分内容，完善环境影响评估工作。经过多年的努力，取得了一定的进展。但是相比国际发展趋势，作为环境管理的重要技术支撑体系的水环境风险评估在我国目前尚处于探索阶段，还没有纳入我国的常规环境评估工作中，环境管理还处于污染后评估阶段，没有实现污染前的预测和有效管理。

所谓水环境安全预警，则是建立在流域水环境风险评估的基础上，对水环境不安全状况进行警兆识别，通过现状分析与评价分析警情、警源的变化，利用定量、定性相结合的预警模型确定其变化的趋势和速度，以形成对突发性或长期性警情的预报，从而达到排除警患为目的的技术体系。国外许多国家已经建成了许多成功的预警系统，形成了较强的环境预警能力，如美国在全国主要流域已建立了完善的水情水质自动测报网络系统、防洪自动预警系统及实时监测系统；欧盟在莱茵河、多瑙河、易北河先后建立了莱茵河国际预警系统、多瑙河水质突发事故预警系统、易北河国际河流预警体系，旨在开发跨界河流污染事故早期信息发布系统，建立流域国际合作程序，以便相关国家及时应对，有效保护用水户的利益。

近年来，我国突发性水污染事故频发，给人民生命财产安全带来了巨大威胁，但相应的水环境预警能力却十分薄弱，整个国家水环境预警体系尚未建立，不能为政府决策提供科学、及时的辅助信息。

7.3.2　生态影响评估

河流突发性水污染事故发生之后，事故排放的污染物特别是有毒有机污染物在主要污染团过后会残留在河床底质沉积层以及生物体中，因此不论在污染团流经期还是在污水团过后，如何确保沿江的供水安全、农业生产安全、渔业生产安全、食品安全和旅游安全，保障沿江两岸的社会稳定，迫切需要对重大水污染事故对饮用水源、水产品及农副（畜禽）产品食用安全性所造成的影响、河流生态系统的中长期影响，以及受污染区域人体健康的影响开展科学系统的评估。

突发性水污染事故饮用水源地应急评估主要是通过对沿江两岸饮用水水源和分散式饮用水水源地的系统调查和模拟分析研究，分析污染事故暴露人群的时空分布特点，建立暴露程度（特征污染物超标倍数、超标历时）与受灾村落的响应关系。并基于人群暴露评估结果，分析污染影响区域、影响人口、影响程度，评估供水水质安全性。

突发性水污染事故对水产品以及农副（畜禽）产品食用安全性的应急评估则主要通过现场调查与室内模拟实验相结合，研究特征污染物在水产品、农副（畜禽）产品、污染区域的土壤等分布、累积与释放规律，建立评估模型，定量评估典型河流污染事故对水产品、农副（畜禽）产品食用安全性的影响及其程度。

突发性水污染事故生态系统影响评估建立在对生态系统全面调查以及室内特征污染物的生态毒理实验结果的基础之上，以水生生态系统为风险受体，以生物多样性与均匀度等为评价指标，定量评估突发性水污染事故对水生态系统的中长期影响程度。

突发性水污染事故人体健康风险评估则是基于环境流行病学调查的结果，根据人体对特征污染物的不同暴露途径，分别计算各种暴露途径条件下不同暴露介质的人群对某种污染物的日均暴露剂量，定量评估特征污染物的健康风险度。

7.3.3 应急控制

突发性水污染事故往往具有很大的不确定性：发生时间和地点的不确定性、事故水域性质的不确定性以及污染源的类型、数量、危害方式和对环境破坏能力的不确定性。同时，河流的流域属性决定了水污染事故同样具有流域性，也决定了污染影响的长期性和事故处理的艰巨性。

环境水污染事故的应急措施一般有控制污染源、保障饮水安全和重要生物种或种群保护。从国际河流发生的水污染事故，可以看出一些典型做法，如尽快制定应急处理措施，为降低损害、损失赢得主动，包括及时向下游通报事故情况，公告告诫住在受污染区的居民面临的危险，立即关闭受污染的自来水厂，采取其他方式为居民提供安全饮用水等。一般情况下，水污染事故发生后，可以充分利用受纳水体的自净容量，使污染物在运移中逐步稀释，从而依靠水体自净能力使污染物得到处理。然而，水体的自净能力是有限的，面对有些突发性污染，单一依靠水体的稀释收效很慢，需要采用人工介入来降低污染的危害程度和范围。国外常用的方法有：

(1)引水冲污。引水稀释一般用来解决局部污染问题，如芝加哥市把密执安湖的水引入增大芝加哥河的流量后改善了河流水质。

(2)人工增氧。在污染较重的江口、河段安装增氧设备，可以辅助加强河流的自净能力，如英国泰晤士河、美国福克斯河以及瑞典的一些湖泊和日本的一些河段都设有增氧设备。

(3)疏浚河道。疏浚河道可以避免污染物重返水中，对水体污染控制有积极作用。除此之外，还有向污染区域抛撒化学药剂，减轻和净化污染水域等化学方法。

总体而言，我国对水污染突发事故的预防控制研究尚处于起步阶段。要实现环境风险源由常态管理向风险管理的转变，还需要进行流域污染负荷总量核定，开展风险源的识别，结合污染源的风险评价以及点源、非点源污染治理措施开展系统研究。

参考文献

[1] 李广贺. 水资源利用与保护[M]. 北京:高等教育出版社,2002.

[2] 戚盛豪,严煦世. 水工业工程设计手册:水资源及给水处理[M]. 北京:中国建筑工业出版社,2001.

[3] 吴文桂. 城市水资源评价及开发利用[M]. 南京:河海大学出版社,1988.

[4] 蒋展鹏. 环境工程学[M]. 北京:高等教育出版社,1992.

[5] 世界资源研究所,联合国环境规划署,联合国开发计划署. 世界资源报告(1990—1991)[M]. 北京:中国环境出版社,1991.

[6] 世界资源研究所,联合国环境规划署,联合国开发计划署. 世界资源报告(1992—1993)[M]. 北京:中国环境出版社,1993.

[7] 世界资源研究所,联合国环境规划署,联合国开发计划署. 世界资源报告(1994—1995)[M]. 北京:中国环境出版社,1995.

[8] 叶锦昭,卢如秀. 世界水资源概论[M]. 北京:科技出版社,1993.

[9] 施嘉炀. 水资源综合利用[M]. 北京:中国水利水电出版社,1996.

[10] 邹雪. 污水处理与应用[M]. 北京:中国电力出版社,2009.

[11] 蒋屏,董福平.河道生态治理工程——人与自然和谐相处的实践[M].北京:中国水利水电出版社,2003.

[12] 徐海波,宗瑞英.谈城市河道生态护坡技术[J].工程建设与设计,2005(1):57—60.

[13] 董哲仁.生态水工学——人与自然和谐的工程学[J].水利水电技术,2003,34 (7):80—85.

[14] 张明,曹梅英.浅谈城市河流整治与生态环境保护[J].中国水土保持,2002,(9):33—34.

[15] 董哲仁,刘蒨,曾向辉.受污染水体的生物——生态修复技术[J].水利水电技术,2002,33(2):1—4.

[16] 刘晓涛.城市河流治理规划若干问题的探讨[J].水利规划设计,2001(3):28—33.

[17] 汪秀丽.国内河流湖泊水污染治理[J].水利电力科技,2005,31(1):1—13.

[18] 符九龙,李东林,沈春花,等.水处理工程[M].北京:中国建筑工业出版社,2000.

[19] 蒋文举,侯锋,宋宝增.城市污水厂实习培训教程[M].北京:化学工业出版社,2007.

[20] 郝晓地.可持续污水——废物处理技术[M].北京:中国建筑工业出版社,2006.

[21] 刘晓佳.美国水污染治理公共政策及思考[J].唯实,2005,9.

[22] 苏哲.中国的污水处理状况[J].云南科技管理,1999(5):12—17.

[23] 赵华林,郭启民,黄小赠.日本水环境保护及总量控制技术与政策的启示——日本水污染物总量控制考察报告[J].环境保护,2007(24):25—29.

[24] 宋晓红,李振海.日本污水处理及回收再利用实例分析[J].电力环境保护,2006,22(1):45—49.

[25] 张所续,张悦.日本水污染防治措施借鉴[J].走出国门,2006(12).36—39.
[26] 周玉文.城市污水处理应用技术[M].北京:中国建筑工业出版社,2004.
[27] 陈梦筱.我国水资源现状与管理对策[J].经济论坛,2006(9):7—10.
[28] 胡国田,邱卫东.水危机警示录[J].城乡建设,2003(1):11—14.
[29] 成福云.水资源短缺:21世纪中国面临的严峻挑战[J].中国减灾,2000(1):14—19.
[30] 韩薄冰.全球水危机[J].小学时代,2007(8):41—46.
[31] 苑宝珍,王洪杰.水处理新技术原理与应用[M].北京:化学工业出版社,2006.
[32] 叶雯,刘美南.我国城市污水再生利用的现状与对策[J].中国给水排水,2002(12):47—52.
[33] 曹庆兰.国内污水回用现状及发展方向[J].科技情报开发与经济,2004,14(11):39—44.
[34] 王晓青.中国水资源短缺地域差异研究[J].自然资源学报,2001,116(6):52—58.
[35] 郝仲勇,张文理.德国污水治理和污水资源化利用[J].北京水利,2004(4):43—48.
[36] 郑琴.德国污水处理概况[J].中国市政工程,1998(4):47—54.
[37] 朱月海.2010年城市污水回用规划设想[J].给水排水技术动态,1997:39—48.
[38] 王腾.对美国污水回用的借鉴[J].水利科技与经济,2006,12(3):52—58.
[39] 聂梅生.美国污水回用技术调研分析[J].中国给水排水,

2001(17):35—41.
[40] 籍国东.我国污水资源化的现状分析与对策探讨[J].环境科学进展,1998,7(5):10—13.
[41] 余英资.污水资源化是缓解水资源危机的一条重要途径[J].新疆环境保护,2001,23(3):15—17.
[42] 吴俊森,李恒军.城市污水处理及再生利用[J].山东师范大学学报:自然科学版,2005,20(3):69—71.
[43] 李树德.再论水资源问题[J].北京大学学报:自然科学版,2000,36(6):819—823.
[44] 王红旗.珍惜生命之水[M].济南:明天出版社,2002.
[45] 李健.污水处理技术[M].北京:中国建筑工业出版社,2005.
[46] 严煦世.水和废水技术研究[M].北京:中国建筑工业出版社,1999.
[47] 中国大百科全书编委会.中国大百科全书·环境科学卷[M].北京:中国大百科全书出版社,2002.
[48] 褚俊英,王建华,秦大庸.我国节水型社会建设的模式研究[J].中国水利,2006(23):49—54.
[49] 钱易.中国水污染控制对策之我见[J].环境保护,2007(7):12—17.
[50] 张锐.中国水污染的沉重报告[J].中外企业文化,2007(9):42—49.
[51] 夏光.中国水污染控制的形势与措施[J].水工业市场,2008(5):19—24.
[52] 赵庆良.水污染控制工程[M].北京:化学工业出版社,2005.
[53] 李定龙.环境保护概论[M].北京:中国石化出版社,2006.
[54] 孟伟.如何应对突发性水污染事故[J].世界环境,2009(2):30—31.
[55] 张传凯,张卓.浅谈港口的污染与防治[J].黑龙江科技信息

2009(5):42—44.

[56] 王国锋,谢根能.浙江省万里清水河道建设逾万公里 水环境面貌明显改善[J].浙江水利科技,2007(1):22.

[57] 刘先伟. 对生态型河道建设的思考[J].现代农业科技,2008.

[58] 廖志新. 建设生态型河道存在的问题及对策[J].中国新技术新产品,2010.

[59] 吴洁,虞左明. 西湖浮游植物的演替及富营养化治理措施的生态效应[J].中国环境科学,2001.

[60] 葛继志,陈巨华. 淮河水污染及其治理的现状和展望[J].安徽大学学报:自然科学版,2000.

[61] 丁春生,李达钱. 化工废水处理技术与发展[J].浙江工业大学学报,2005.

[62] 胡明,刘鸿志.太湖富营养化现状及防治对策[J].中国环境管理,1998.

[63] 代亚丽.我国农村水环境污染问题分析及防治对策探讨[J].农业环境与发展,2008.

[64] 陈智星,蔡新明.浙江省清洁小流域建设中的污水处理模式探讨[J].浙江水利科技,2008.

[65] 阿计.2002—2012:重大环境污染事件之十年记录[J].民主与法制,2012.

[66] 崔良军.环境生态学中的城市水资源及水污染控制[J].大科技,2012.

[67] 黄圣彪,王子健,乔敏.区域环境风险评价及其关键科学问题[J].环境科学学报,2007.

[68] 侯洪刚.水体中污染物的迁移与转化[J].现代农业,2012.

后 记

作为"'五水共治'科普丛书"中的一册，在《治污水》一书中，如何将相对深奥和专业的水资源污染现状、危害、原因及防治技术与浙江省"治污"特色有机结合，并以科普性、趣味性和文化性的方式展现给读者，既体现一定的历史文化内涵又不失时代特征，是我们在编撰过程中始终思考和把握的一个问题。但由于当前对水文化、水利文化、治水文化等概念的界定存在不同的看法，再加上浙江省"五水共治，治污先行"所涉及的内容十分庞杂，因此，要在本书中将"治污"的所有内容都娓娓道来，着实相当困难。我们能做到的，就是努力按照自己对本书写作重点的理解，尽可能跳出一般教科书讲解灌输式的撰写方式，尽力用通俗易懂的语言去描述水污染现状，分析原因与危害，概括水污染防治方法，使本书不仅适合于各级政府的科学宣传，也适合广大专业科技工作者的技术培训、基层民众的"治污"知识普及，从而具有更广泛的现实意义。

本书经过几位作者多次讨论修改，确定提纲，然后分头进行写作。除了王培风、徐栋外，吴淑琰编写了第3章和第5章。

在本书撰写过程中，浙江省水利厅朱法君、浙江水利水电勘测设计院谢丽华、浙江工商大学沈东升、浙江省文联郑晓林等多位专家提出了许多宝贵的意见和建议，在此表示由衷的谢意。同时，感谢读者耐心阅读本书，敬请批评指正。